DECEMBER

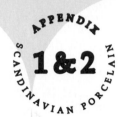

市集與舊貨店

北歐餐瓷品牌經典杯款

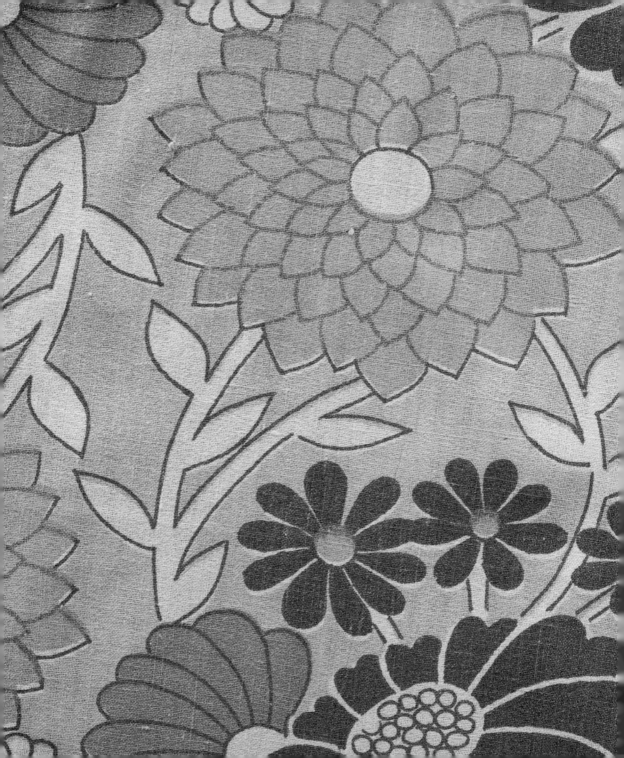

CHAPTER
1
SCANDINAVIAN PORCELAIN

BRAND INTRODUCTION

北歐餐瓷品牌介紹

ARABIA

Hameentie 135, 00560 Helsinki
www.arabia.fi

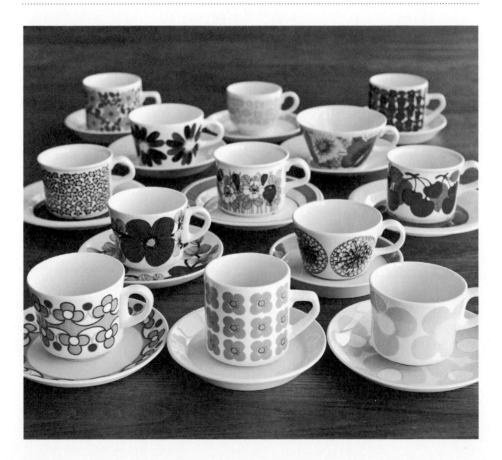

1873年2月，當時瑞典皇家品牌Rörstrand為擴展俄羅斯版圖進軍亞洲市場，選擇靠近俄羅斯的芬蘭創建子公司Arabia。為方便節省關稅及運輸費用，廠址設於赫爾辛基Arabiastranden區，工廠名稱也就以地區名Arabia命名，稱之為Arabia瓷器廠。

第一批從Arabia出廠的產品來自總公司Rörstrand的成品和半成品，有磁磚、彩陶和瓷器，經Arabia工廠加工後進行販售，當時總共召集一百多位瑞典籍及芬蘭當地的技師和工匠，不到一年的時間將總公司的生產技術移轉到Arabia，隔年1874年，Arabia瓷器廠的生產便全面開展，其生產銷售主要以俄羅斯及其他海外市場為主，銷售成績也超過當初Rörstrand的預期，甚至需要在德國萊比錫聘請專門的代理商處理海外訂貨業務。

1880年起，Arabia年銷售額便達到六十萬馬克，全盛時期員工達200名，但工廠主要管理階層卻是由瑞典總公司Rörstrand任命，這時期整體公司營運掌握在瑞典籍技術經理古斯塔夫‧赫里茨（Gustaf Herlitz）及其他四位瑞典籍主管手上，1916年古斯塔夫‧赫利茲的經營權轉為他兒子卡爾‧古斯塔夫‧赫里茨（Carl-Gustaf Herlitz）繼承，同年Rörstrand出售Arabia經營權，芬蘭買家買下Arabia，隨著1917年芬蘭獨立建國，品牌同國家一

樣，正式由芬蘭人當家作主，自行生產並控制需求，不再受瑞典Rörstrand所掌控，國民擁護國貨，Arabia在芬蘭境內的銷量大增，為提高產能，陸續加入自動化機器和新式窯爐，至1940年，Arabia員工高達2000名，躍升歐洲最大的瓷器品牌。

1900年，Arabia的產品在巴黎世界博覽會中獲得金牌，Arabia品牌開始受到世界注目，1945年開始，Arabia陸續聘用幾位重量級設計師卡伊·弗蘭克（Kaj Franck）、烏拉·波克（Ulla Procopé）、萊雅·沃斯金恩（Raija Uosikkinen）、柏格·凱皮安能（Birger Kaipianen）等，往後十幾年可謂Arabia設計黃金時期。

1948年，卡伊·弗蘭克以「基爾塔」（Kilta）為Arabia設計風格的起點，強調簡潔、實用及機能性，器皿不再是單一功能，可以既是碗又是碟，搭配不同場合多功能使用，且就算放入洗碗機也不會有褪色、容易嗑碰損壞的問題。卡伊·弗蘭克的設計重新奠定芬蘭餐具的設計新概念，也打響Arabia的品牌名聲，並在1951、1954及1957年米蘭三年展Arabia設計師拿下眾多獎項，正式確立Arabia品牌在世界上的設計地位。

1949年由萊雅·沃斯金恩所設計的「艾蜜莉亞」（Emilia）系列上市到1960年烏拉·波克所發表的「海葵花」（Anemone），展現Arabia設計師手

繪設計的不同風格，1970年由柏格‧凱皮安能所設計的「天堂」（Paratiisi）
更是將Arabia的設計推向顛峰。這幾款設計在目前古董拍賣市場價格居高不
下，不管在過去或現在的主婦圈人氣有增而無減。

　　1990年前後，芬蘭公司Hackman同時併購Arabia、Rörstrand和玻璃工
廠Iittala，2007年這些公司又全納入芬蘭企業Fiskars集團項下，成為一家
全方位經營的家飾公司。目前，Arabia最初開設工廠的原址，成為芬蘭設計
聖地，除了Arabia總公司外，還可參觀生產流程及工廠歷史博物館，暢貨
中心及阿爾托大學的藝術設計建築學院（Aalto-yliopiston taideteollinen
korkeakoulu）也座落於此。在這裡的Iittala Outlet Store除Iittala商品
外，還提供最新的Arabia瓷器及明星公仔「姆明」（moomin）系列，另外還
有Fiskars旗下的家品和廚具品牌，因此朝聖的觀光客絡繹不絕。

艾斯特‧湯姆拉的「番紅
花」是每個Arabia收藏迷
必備的入門款。

「天堂」是Arabia最知名系
列，前後共再版三次，目前
仍有復刻版生產。

Arabia知名「姆明」系列馬
克杯，每年都會推出新年度
姆明谷代表人物和紀念杯。

大事紀

1873	瑞典皇家品牌 Rörstrand 在芬蘭赫爾辛基設立子公司 Arabia，隔年生產線全面開始。
1880	年銷售六十萬芬蘭馬克，主要出口至俄羅斯，員工達 200 名。
1900	獲得巴黎世界博覽會金牌。
1916	脫離 Rörstrand 成為獨立的芬蘭瓷器品牌。
1940	成為歐洲最大瓷器品牌，員工高達 2000 名。
1945	設計大師卡伊‧弗蘭克（Kaj Franck）進入 Arabia。
1947	萊雅‧沃斯金恩（Raija Uosikkinen）加入 Arabia。
1948	卡伊‧弗蘭克推出決定芬蘭設計方向的經典作品「基爾塔」（Kilta）。
1949	萊雅‧沃斯金恩設計的「艾蜜莉亞」（Emilia）系列量產。
1958	瓷器王子柏格‧凱皮安能（Birger Kaipianen）從 Rörstrand 離開重返 Arabia。
1971	柏格‧凱皮安能最經典系列「天堂」（Paratiisi）系列上市。
1990	被 Hackman 公司收購。
2007	被 Fiskars 公司收購。
2016	Arabia 於赫爾辛基瓷器廠正式熄燈，所有產品製作轉移至泰國和羅馬尼亞生產。

Arabia工廠原址,目前設有Arabia工廠歷史博物館及暢貨中心,阿爾托大學藝術設計建設建築學院也座落於此,不定期會有學生作品展覽。照片提供|陳允芬

FIGGJO

Åslandsbakken 1, 4332 Figgjo
www.figgjo.no

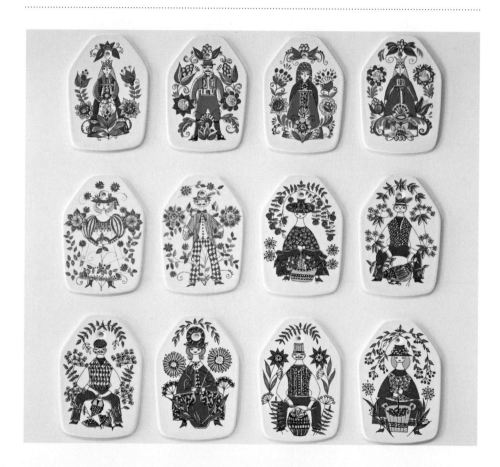

　　Figgjo是挪威一家著名的陶瓷廠，1941年，仰賴著Figgjo河充沛的水力發電及河岸黏土創建而成，二戰期間（1939-1945）暫時關閉，至1946年興建第一座隧道式窯場，並延攬當時挪威另一家百年陶瓷廠Egersunds Fayancefabrik的知名設計師拉格納‧格利斯倫（Ragnar Grimsrud）擔任行銷經理，在其帶領下，1947年才開始提高產能，並於1949年正式改名爲Figgjo Fajance AS。

　　五〇年代的挪威陶瓷廠有著嚴峻的銷售壓力，加上德國瓷器加工廠加入戰局，更是讓Figgjo的銷售成績明顯降低五成，處境更顯艱難。1960年，圖里‧格讓史道得‧奧利佛（Turi Gramstad Oliver）加入Figgjo的餐具裝飾設計，以插畫形式敘述鄉野神話故事，讓當時的Figgjo餐具帶動一股斯堪地納維亞餐瓷的俏皮童話風格。1960-70年期間，圖里的設計雖讓Figgjo的銷售有所起飛，Figgjo Fajance AS也嘗試轉生產餐廳、旅館餐具，並讓產品可在各大超市展場購買，但新的生產銷售計畫並未改善公司的瓶頸。1968年，Figgjo 選擇與另一家挪威陶瓷廠Stavangerflint合作，企圖改善這個僵局，並改名爲Figgjo Fajanse-Stavangerflint A/S，兩家陶瓷廠以合作卻各自獨立的營運型態，一直合作到1979年Stavangerflint關閉爲止，所有機器和員工及生產線全移轉到Figgjo，品牌又改爲Figgjo AS。

1990年，圖里從Figgjo AS退休，Figgjo的裝飾設計便不復既往的精彩，公司策略也轉為替專業餐飲餐廳、酒店、遊輪提供餐具，今日的Figgjo是杜拜最大的餐飲公司瓷器最大供應商，也提供挪威Scandic旅館和Rica酒店大量瓷器，此時Figgjo的營運拜當今這些熱絡的餐飲市場所賜，營業額已不像過去那般風雨飄搖，然如今的Figgjo的餐瓷卻不再擁有往日復古迷幻的原創設計風格，只保留白色、中性、無特色，卻適合餐飲市場的強化餐瓷。

　　目前，Figgjo在創立的原址，依然有一家工廠、博物館和outlet工廠，博物館內展示了Figgjo各個時期的設計作品。

「格拉納達」（Granada）系列是圖里
敘事故事設計外的另一種風格，以幾
何線條組合而成，展現植物花卉果實
的抽象形象。

圖里知名「樂天」、「市集」、「故事」
等系列，展現十足俏皮童話風格。

大事紀

1941	沿 Figgjo 河岸創立 Figgjo 陶瓷廠。
1947	延攬挪威知名設計師拉格納‧格利斯倫（Ragnar Grimsrud）擔任部門行銷經理。
1949	改名為 Figgjo Fajance AS。
1960	圖里‧格讓史道得‧奧利佛（Turi Gramstad Oliver）加入 Figgjo。
1962	圖里第一款設計「樂天」（Lotte）開始上市。
1966	圖里的「市場」（Market）系列開始上市。
1968	Figgjo 與另一家挪威陶瓷廠 Stavangerflint 合作，易名 Figgjo Fajanse-Stavangerflint A/S。
1968	圖里的「阿登」（Arden）開始上市。
1979	Stavangerflint 關閉，兩家工廠合作結束，品牌又改為 Figgjo AS。
1990	圖里退休。
2017	以 Figgjo Norway 品牌提供世界各大餐飲市場的強化瓷餐具。

GUSTAVSBERG

Chamottevägen 2,134 40, Gustavsberg
www.gustavsbergsporslinsmuseum.se

Gustavsberg是一家1825年由雜貨批貨商約翰‧赫爾曼‧奧曼設立的瑞典瓷器公司，但Gustavsberg的歷史卻可追溯到1640年代瑞典公爵烏克森謝納家族，烏克森謝納家族為了興建家族莊園開發斯德哥爾摩南邊鄉村-Farsta，收購王室及Värmdö周邊農場土地，耗費十多年才將其Farsta家族城堡興建完成，為方便興建過程中磚塊的取得，在此領地興建磚瓦廠，並順便販售到斯德哥爾摩市區，興建期間前後兩任公爵相繼過世，最後由孫女繼承家族產業，以Farsta-Gustavsberg命名往後一百年的家族名號。

1821年，Farsta-Gustavsberg家族分割財產，將原先磚瓦廠的廠區賣給當時向他們承租的雜貨批發商約翰‧赫爾曼‧奧曼，約翰接手後，將已進入夕陽產業的磚瓦廠改建成瓷器工廠，並將工廠命名為Gustavsberg。1839年引進當時英國流行「船錨」圖案成為該公司的廠標，並投入大量資金致力開發精美且品質良好的家用瓷器，1860-64年期間更研發出品質最高的骨瓷瓷器，並在器皿上增添更多不同風格的裝飾圖案，此時期裝飾圖案以花鳥圖案為主，並以瑞典城市為系列名，單色印刷，深受日本風格影響。

1916年聘用瑞典藝術家威廉・闊格（Wilhelm Kåge）擔任該廠的創意總監，統籌該品牌設計導向直到1949年，威廉・闊格是瑞典瓷器史上極為重要的革命設計師，產品設計強調實用功能及簡潔風格，對往後瑞典設計界影響甚深。威廉・闊格時期，讓Gustavsberg瓷器廠成為當時瑞典最大產業之一，全盛時期有900名員工，其瓷器品質與名聲也開始與歐洲其他知名品牌齊名，1937年，公司易主由Kooperativa Förbundet接管瓷器廠（簡稱KF公司），KF公司以瓷器廠為基礎，增加衛生設備瓷器及浴缸兩部門，瑞典第一座坐式馬桶便是由Gustavsberg生產製造。

1949年後，斯蒂格・林德貝里（Stig Lindberg）接任創意總監，陸續推出許多叫好又叫座的設計作品，成為瑞典餐具史上非常重要的指標性產品，更奠定1950-70年代Gustavsberg此一餐具品牌的競爭力。

1980年代，瑞典百萬住房計畫結束，興建住宅的停頓也直接影響衛浴部門的銷售停滯，加上整體經濟不景氣，工廠開始營運不善，千名員工遭到裁撤，1987年，為能讓Gustavsberg品牌持續經營，將公司三個部門拆解成三個獨立運作的公司，分別為衛生設備瓷器、浴缸和餐具，餐具部門在沒有其他兩個賺錢部門的支撐下，只好出售給芬蘭Wärtsilä公司，KF公司僅留下9.5％股份，正式退出經營五十年的餐具瓷器界。

1. Gustavsberg工廠建築外觀。 2. 博物館內女工拓印轉印紙的老照片。 3. 早期手工製作情景老照片。
Gustavsberg博物館目前因營運及劃歸為國家博物館管理問題暫時關閉，未公布何時再度開放。(攝自Gustavsberg博物館)

Wärtsilä公司同時併購另一家瑞典瓷器廠Rörstrand，成立新品牌：Rörstrand-Gustavsberg，無奈兩年後Wärtsilä公司宣告破產，又將Rörstrand-Gustavsberg品牌賣給芬蘭公司Hackman，這家芬蘭公司Hackman旗下品牌包括Arabia、Iittala及Rörstrand-Gustavsberg。

1996年，Gustavsberg再度被Hackman下放家居生產線，股份開放廠內員工認購，但轉為瑞典Värmdö市政府負責營運的國有公司，Gustavsberg品牌再度回到瑞典手上。今天的Gustavsberg依然堅持延續傳統技法，手工製作，廠內只剩二十多名工匠，繼續小規模生產餐具和一些家居飾品，並重新打模複刻1950-70年代幾位設計師的經典系列作品。

如今的Gustavsberg雖不復往日榮盛時期，但卻是如今瑞典唯一一家獲得瑞典皇家認證的在地瓷器品牌。

Gustavsberg博物館旁的古董店Värmdö Antik櫥窗窗景，同一棟建築內有Lisa Larson的陶作坊工作室。

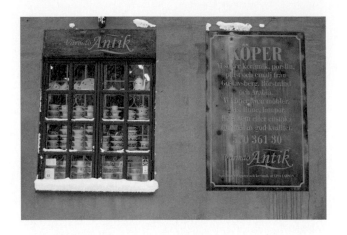

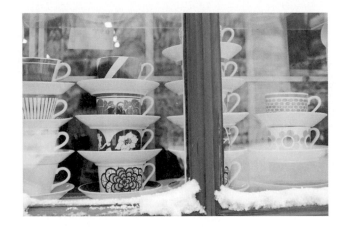

大事紀

1640	瑞典國家理事會理事加布里埃爾・古斯塔夫森・烏克森謝納（Cabriel Gustavsson Oxenstierna）開發斯德哥爾摩南邊Farsta成為家族領地，為Gustavsberg陶瓷廠最早的原址奠基處。同年加布里埃爾・古斯塔夫森・烏克森謝納過世，其子古斯塔夫・加布里埃爾森・烏克森謝納（Gustav Gabrielsson Oxenstierna）繼承爵位及財產。
1648	古斯塔夫・加布里埃爾森・烏克森謝納過世，其妻瑪麗亞・德・拉・加爾迪（Maria De La Cardie）繼承夫家家族產業。
1648-1658	打造家族第一棟磚造主體建築與周邊零星建築，十年時間完成Farsta家族城堡（Farsta Slott）。期間，為順利供應磚造材料取得，另設磚造廠。
-1756	由古斯塔夫・加布里埃爾森・烏克森謝納女兒繼承家族產業，並以Farsta-Gustavsberg命名往後一百年家族名號。
1821	Farsta-Gustavsberg家族分割財產，出售磚瓦廠區，由承租批發商約翰・赫爾曼・奧曼（Johan Herman Öhman）收購磚瓦廠土地。
1825	約翰・赫爾曼・奧曼結束磚瓦廠改設瓷器工廠，命名為Gustavsberg工廠。
1827	第一批以火石為主材料的精美瓷器開始量產。
1839	以船錨圖樣作為Gustavsberg瓷器廠廠標，戳章正式誕生。
1860-1864	開發骨瓷瓷器並正式量產。

1916　　聘用威廉‧闊格（Wilhelm Kåge）擔任藝術總監。

1937　　Kooperativa Förbundet公司接管瓷器廠。

1939　　設立Gustavsberg衛生設備瓷器部門，推出最早期的坐式馬桶。

1947　　擴廠，加建浴缸廠。

1949　　聘用斯蒂格‧林德貝里（Stig Lindberg）擔任藝術總監。

1965-1975 瑞典百萬家庭計畫，大量住房需求讓衛浴業務大大提升。

1980　　經濟不景氣，導致工廠千名員工失業。

1987　　餐具部門Gustavsberg Porslin AB被芬蘭公司Wärtsilä併購。成立新品
　　　　牌Rörstrand-Gustavsberg。

1989　　Wärtsilä宣告破產，進行改組，Rörstrand-Gustavsberg賣給芬蘭公司
　　　　Hackman。

1996　　Gustavsberg生產線開放員工持股，轉移為市政國有公司，成立HPF i
　　　　Gustavsberg AB。

-2017　　小規模生產餐具和裝飾品，陸續重現Gustavsberg經典復刻系列，並獲得
　　　　皇家權證。

目前Gustavsberg瓷器廠仍有少量的新品供現場門市販售，另外周邊也附設Fiskars公司
的暢貨中心，可選購Arabia、Rörstrand等品牌的新品。

Brand. 4

RÖRSTRAND

Fabriksgatan 4, 531 30, Lidköping
www.rorstrand-museum.se

　　Rörstrand起源於十三世紀Magnus Ladulås公爵捐贈給克蘿拉修道院的一塊領地，1527年瑞典瓦薩國王將此區域劃入皇家範圍，並因該區海灘盛產豐茂的蘆葦將之命名為「Rörstrand」，有豐盛蘆葦的海邊之意。

　　十七世紀葡萄牙的商船載滿來自中國的滿滿絲綢、瓷器和香料駛向歐洲，當如同珍珠般珍貴的瓷器傳入歐洲，歐洲人開始迫切地想解開中國瓷器之謎，在當時擁有瓷器知識等同擁有財富一樣珍貴，但一直到十八世紀初歐洲人才透過不斷嘗試漸漸取得一點製作技術，瑞典的瓷器技術起源於一位德國彩陶畫家約翰・沃爾夫（Johann Wolff）之手，他曾是德國紐倫堡陶作坊裡的一名彩陶畫工，號稱他可以製作出精美的瓷器，1722年因無法順利製作出瓷器從哥本哈根陶器作坊出走瑞典。

　　1725年，來到瑞典的約翰・沃爾夫竟也順利集資到瑞典貴族和財團的資金，於斯德哥爾摩創造第一家瑞典瓷器品牌Rörstrand，為歐洲第二家歷史悠久的瓷器品牌（第一家為德國邁森Meissen）。此時期材料採用彩陶（Fajans），是一種多孔隙含氧化錫的白色黏土，品質無法和中國瓷器相比，裝飾圖案也深受中國瓷器影響，多鈷藍色圖案，這時期瑞典仍得仰賴大量中國瓷器進口。

Rörstrand成立時間雖早，但在1825年Gustavsbrg瓷器廠正式成立前，耗費近百年的時間、資金和人力成本，卻一直停留在剛開始的彩陶時期，無法製作出真正近似中國的白瓷。1770年，有人從英國帶回以火石（Flintgods）為主成分的石瓷，其硬度及氣孔密度均更勝彩陶，工廠開始挹注資金和人力進行研發，但在1780年Rörstrand成功併購另一家瓷器廠Marieberg，成為瑞典唯一一家較大的陶瓷工廠後，便無心於新產品的技術開發了。

直到1825年Gustavsbrg瓷器廠成立，並在兩年後快速發展出相同技術，打造出火石材質更為堅硬的石瓷，及銅版印刷裝飾技術，此時Rörstrand才驚覺瑞典陶瓷市場的競爭壓力並奮起直追。1857年成功研發出骨瓷瓷器，並於1860年成為瑞典全國最大的工業之一，1873年為了促進與俄羅斯之間的貿易關係，開始在芬蘭成立子公司Arabia。1880年，更成功研發出長石瓷器，大量減低燒製後器皿龜裂的情況，讓Rörstrand瓷器廠一躍而成瑞典成功產業，1884年更拿下象徵皇室保證的三個王冠標誌戳章。

1895-1900年，是Rörstrand瓷器廠設計創作的高峰期，1896年旗下阿爾夫·沃藍德（Alf Wallander）的設計作品在斯洛伐克展覽中獲得矚目，開始打響Rörstrand在世界品牌的名號，1900年在巴黎世界博覽會上更以讓人驚嘆的新藝術運動作品取得國際突破。當時整個工廠約有1100名員工。

1914年，Rörstrand買下瑞典哥德堡瓷器廠，時隔兩年，1916年卻將芬蘭子公司Arabia釋出，於1926年關閉首都斯德哥爾摩的工廠後，將整個廠區和生產業務遷至南邊的哥德堡。此後的二十年，整個瑞典瓷器業面對國外便宜瓷器的進口，陷入嚴重危機，對Rörstrand瓷器廠來說，更是一直處於動盪不安，經歷與ALP、Arabia、Ifö三家公司的併購、改組、合併再獨立各種時期。直到1936年，才將生產線全數搬遷至利德雪平（Lidköping），整個瓷器廠營運才算比較穩定下來。利德雪平也成為Rörstrand最後的總部。

　　儘管瓷器廠營運不算安穩，但許多優秀的設計師卻前仆後繼地在這家瓷器廠展露光芒，1915年Rörstrand迎來陶瓷廠內第一位屹立不搖的經典設計師露易斯・阿德爾堡（Louise Adelborg），他們將她稱之為「偉大的老奶奶」（grand old lady），其「瑞典式優雅」（Swedish Grace）系列於1930年上市後，幾次改模重鑄，至今依然持續生產，深受消費者喜愛。

1864年Rörstrand瓷器廠在斯德哥爾摩瓷器展覽會上的老照片。

1932年，對Rörstrand往後的設計創作是很重要的一年，新任首席執行長弗雷德里克‧威特傑（Fredrik Wehtje）挖掘到許多優秀的藝術家和設計師，如：赫薩‧班特松（Hertha Bengtson）、卡爾‧哈里‧斯托瀚（Carl-Harry Stålhane）、皮爾格‧凱皮安能（Birger Kaipiainen）、瑪麗安內‧韋斯徹曼（Marianne Westman）等，這批知名陶藝家和設計師為Rörstrand帶來極大的名聲，更是在歷經百年的競爭後，Rörstrand瓷器廠才真正成為Gustavsberg瓷器廠不容小覷的對手。

然而，1964年之後Rörstrand瓷器廠又開始一連串的易主動盪，1964-1984年間Rörstrand瓷器廠被瑞典第三大陶瓷廠Upsala-Ekeby集團反收購，Upsala-Ekeby採用機器取代人工，廠內許多員工都被裁撤，包括設計師也離開大半。1984年Upsala-Ekeby被芬蘭公司Wärtsilä收購，同時也併購Rörstrand對手Gustavsberg瓷器廠，創新品牌Rörstrand-Gustavsberg，1989年品牌又再度賣給芬蘭公司Hackman，2007年又轉為芬蘭公司Fiskars經營。

2005年12月，Rörstrand瓷器廠總部利德雪平熄滅最後一爐燒製瓷器的窯爐，幾度易主的瓷器廠終究敵不過北歐昂貴的人工成本考量，將生產設備移至海外，如今看到Rörstrand的陶瓷已不復當年考究，曾是瑞典皇室代表

博物館內歷來設計餐盤陳列展示。

博物館建置於原先窯爐廠內，如今窯爐外牆
變成歷來設計師與工人的群相老照片牆。

的 Rörstrand 品牌被留下了，但轉眼成爲芬蘭所有，瑞典人引以爲傲的手作
也由機器取代，如今的 Rörstrand 也只是芬蘭公司 Fiskars 項下眾多品牌中
的一個，不再是瑞典皇室的代表。

　　至今保留在利德雪平的 Rörstrand 瓷器廠總部已不再進行瓷器生產，規畫
爲博物館、暢貨中心、餐飲部及一個可供民眾預約手作陶器的小作坊，博物
館內會定期展出不同時期、不同主題的瓷器作品，被譽爲瑞典瓷器之母的瑪
麗安內・韋斯徹曼的手稿也是常設展中的重要陳列。博物館就是當初廠內窯
爐廠的一部分，因此民眾也可深入地下一樓體驗當時窯爐、長隧道的感覺。

1726　德國彩陶畫工約翰‧沃爾夫（Johann Wolff）於斯德哥爾摩成立Rörstrand品牌。

1740　彩陶時期（Fajans），Rörstrand開始發展自己的品牌特色，聘請國王Gustav三世的首席設計師吉恩‧埃里克‧雷恩（Jean Eric Rehn）設計瑞典式裝飾圖案，最著名為北極星圖案，裝飾設計初期帶有義大利風格。

1758　在斯德哥爾摩最熱鬧的舊城廣場上搭瓷器棚向民眾公開展示Rörstrand品牌瓷器，開始受到一般群眾的關注。

1770　石瓷時期（Flintgods），打造出第一隻以火石為主材料的石瓷取代以往的陶器，顏色為棕褐色。

1800　開始使用蒸氣機生產製造，並開發銅版印刷裝飾器皿圖案，製造技術獲得較大的進展。

1857　成功研發出骨瓷瓷器。

1873　於芬蘭成立子公司Arabia。

1880　發展出長石（Fältspot）瓷器。

1884　取得瑞典王室三個王冠的標誌戳章。

1885-1900　旗下阿爾夫‧沃藍德（Alf Wallander）設計作品在國際大放異彩。

1915　聘用露易斯‧阿德爾堡（Louise Adelborg）。

1916　　賣掉 Arabia 子公司。

1926　　工廠搬至哥德堡。

1932　　聘用弗雷德里克‧威特傑（Fredrik Wehtje）為新任首席執行長。

1936　　工廠搬遷至利德雪平（Lidköping）。

1941　　聘用赫薩‧班特松（Hertha Bengtson）。

1950　　聘用瑪麗安內‧韋斯徹曼（Marianne Westman）。

1964　　被 Upsala-Ekeby 瓷器廠併購。

1984　　芬蘭公司 Wärtsilä 再次併購 Upsala-Ekeby 瓷器廠，Rörstrand 瓷器廠一
　　　　　起被收購。

1987　　芬蘭公司 Wärtsilä 將 Rörstrand 瓷器廠和 Gustavsberg 瓷器廠合併，成
　　　　　立新品牌：Rörstrand-Gustavsberg。

1989　　Wärtsilä 宣告破產，進行改組，Rörstrand-Gustavsberg 賣給芬蘭公司
　　　　　Hackman。

2005　　生產設備移至海外，總公司移至赫加耐斯（Höganäs）。

2007　　Fiskars 收購。

Rörstrand 瓷器廠如今已不再營運，整個廠區變成博物館、暢貨中心、餐廳，還有一個小作
坊可以體驗手作的感覺。

Brand. 5

UPSALA EKEBY

Ekebybruk ingång A1, 752 75 Upsala
www.upsala-ekebysallskapet.se

　　目前市場上大家看到的 Gefle 瓷器多是1950-79年的產品，但 Gefle 的歷史卻可從1839年德國人約翰‧亨里克‧奧斯特（Johan Henrik Oest）抵達瑞典北部耶吾勒（Gävle）說起。1805年出生於德國漢諾威的約翰，在失去雙親後，來到瑞典 Gustavsberg 瓷器廠工作，之後移居瑞典北邊城市耶夫勒，在城郊買了一塊地，命名約翰尼的和平地（Johannisfred），並在這裡開起彩陶工廠，約翰手工製作的黃色彩陶非常受到顧客喜愛，在朋友的幫助下，他的事業蒸蒸日上，甚至成為瑞典北部到中部知名的陶器供應商。1855年，約翰過世後，他的遺孀將整個生產線停止並將工廠拍賣，約翰過往的助手只好在該地區南邊建造另一個獨立的工廠，繼續陶瓷手作事業，而這家新工廠也就是後來 Gefle 陶瓷廠的原型，工廠中間幾度易主易名，作坊也由彩陶製作變成陶器製作。

　　1907-10年，工廠開始嘗試製作瓷器，並透過廣告招募到一批曾經在 Rörstrand 瓷器廠有工作經驗的工人，然工廠經歷幾次大規模的工會罷工行動，導致生產線完全停產，又在瑞典兩大瓷器品牌 Gustavsberg 和 Rörstrand 的夾殺下，銷售成為工廠另一個大問題，1913年，公司再度面臨改組易名，最後定名為我們目前所熟知的「Gefle 瓷器廠」（Gefle porslinsfarbik），並由當時的實業家瓦爾德馬‧邁耶（Waldemar Meyer）擔任 Gefle 的首席執行長。

瓦爾德馬‧邁耶是當時一位瑞典知名藝術家的兄弟，因此得以延攬到當時的藝術大師阿瑟‧珀西（Arthur Percy）擔任Gefle瓷器廠的藝術總監，並藉此吸引到一批優秀的藝術家和設計師加入Gefle瓷器廠。阿瑟‧珀西在Gefle瓷器廠擔任藝術總監的時間很長，一直到1959年才退休，享年90歲的他創造100多種裝飾圖案。二〇年代，Gefle瓷器廠會在某些品質特別高的食器上，加戳他的名字「珀西」（Percy）標記，以表示品質保證。

　　然1914年一次大戰爆發，Gefle瓷器廠面臨無黏土原料可取得，及無法支付高額煤料和運輸費用的雙重窘境，只好再次公司整併，並進口德國便宜瓷器轉賣到瑞典市場，最後苦撐至1935年易主Upsala Ekeby陶器廠（簡稱UE）。

　　Upsala Ekeby是一家磚瓦和陶器起家的工廠，1886年於烏普薩拉成立，在Gefle瓷器廠所在城市耶夫勒的南邊，當磚瓦和陶瓷生意不復往日後，開始轉生產瓷器和一些家居用品，1935-1942年期間陸續收購幾家小有名氣的陶器廠，Gefle瓷器廠和Karlskrona瓷器廠便是其中被大家所熟知的品牌工廠，UE採取方式多是維持原來品牌名稱，但加註公司Upsala Ekeby的抬頭，成為Upsala Ekeby-Gefle和Upsala Ekeby-Karlskrona的方式繼續生產，而原有的Upsala Ekeby品牌依然有自己品牌行銷。

　　五○年代是 Upsala Ekeby-Gefle 最好的時光，員工達400多名，產量也超過七百萬件產品，當時最著名的商品爲歐根‧特羅斯特（Eugen Trost）所設計的「斑馬」（Zebra），歐根‧特羅斯特在 Gefle 設計過許多精彩的系列，如：「Rubin」，以暗紅爲器皿底色邊緣彩金，在當時是非常時尚的設計，這也是 Gefle 生產器皿中銷售非常好的一個系列，但歐根餐皿設計卻不多，主打設計重點在花瓶上。

　　除此之外，另外兩個長銷熱門商品則是「小媽媽」（Lillemor）和「太陽花」（Solros），這兩款設計均出自女性設計師莉雷姆‧曼能瀚（Lillemor Mannerheim），「小媽媽」系列是她第一款設計的裝飾圖案，但當初礙於她是個不知名的設計師，因此工廠對外銷售時宣稱這是阿瑟‧珀西所設計，或許又對莉雷姆‧曼能瀚感到抱歉，因此系列便以她的名字「Lillemor」命名。

「斑馬」系列

以莉雷姆‧曼能瀚的名字「Lillemor」命名的「小媽媽」系列。

Upsala Ekeby為了實現生產整個餐桌商品的概念，1964年進行幾大收購案，瑞典知名瓷器品牌Rörstrand，玻璃品牌Kosta Boda，餐具品牌GAB Gense，然餐桌概念的想法最終失敗，1968年Upsala Ekeby因經濟關係，除Rörstrand品牌外，其餘自家品牌及收購的其他陶瓷品牌均停產，為維持營運不得不收購便宜的挪威瓷器轉賣瑞典市場，百年來的瓷器事業也於1979年終於熄燈。

UE產業又經過幾次被收購，但生產線始終停產，最後，於1984年為芬蘭公司Wärtsilä併購，也只留下Rörstrand這瓷器品牌，其實在Upsala Ekeby1979年窯爐停燒那年，便已正式退出瑞典瓷器史。

Upsala Ekeby目前已經停止運作，但在瑞典烏普薩拉industrihus設有關於Upsala Ekeby陶瓷廠的常設展；及被併購入Upsala Ekeby的Karlskrona瓷器廠，目前則設有Karlskrona博物館。

1. Gefle瓷器廠最著名線條杯，「斑馬」、「天頂」、「阿斯特拉」。
2. 目前Gefle舊貨市場中較熱門的幾組清新小品。

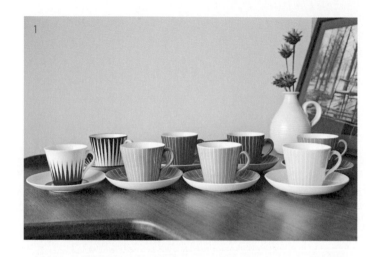

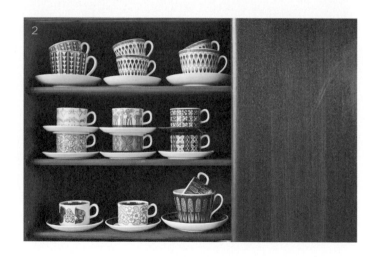

大事紀

1910	Gefle Porslinsburk 成立。
1913	改組易名 Gefle porslinsfarbik，瓦爾德馬‧邁耶 (Waldemar Meyer) 擔任 Gefle 的首席執行長。
1922	設計師歐根‧特羅斯特 (Eugen Trost) 開始在 Gefle 工作。
1923	延攬瑞典知名藝術家阿瑟‧珀西 (Arthur Percy) 擔任創意總監。
1935	被 Upsala Ekeby 收購，品牌名稱變成 Upsala-Ekeby Gefle。
1942	Upsala Ekeby 再度收購 Karlskrona 瓷器廠，延伸成另一品牌 Upsala-Ekeby-Karlskrona。
1951	熱銷商品「小媽媽」(Lillemor) 系列上市。
1955	歐根‧特羅斯特 (Eugen Trost) 所設計「斑馬」(Zebra) 開始生產，為 Gefle 銷售最好的商品。
1957	「太陽花」(Solros) 系列開始量產。
1964	Upsala Ekeby 收購 Rörstrand，但維持原來品牌名稱 Rörstrand。
1979	Upsala Ekeby 生產線全面停擺。
1984	芬蘭公司 Wärtsilä 併購 Upsala-Ekeby 陶瓷廠，旗下 Rörstrand 瓷器廠一起被收購。

1. Gefle 瓷器廠至今遺留的舊建築。
2. 莉雷姆·曼能瀚
（Lillemor Mannerheim）
3. Gefle 廠標演變。
（照片引自 Tord Gyllenhammar、
Björn Holm 合著之 *Gefle
porslinsfabrik : vardagsporslin
med färgglädje och stil*）

| 1911 | 1930 | 1962 | 1971 |

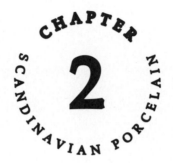

CHAPTER

2

SCANDINAVIAN PORCELAIN

OLD STORY

器皿的老故事

JANUARY

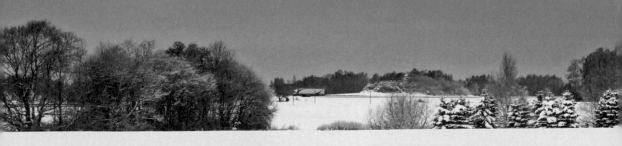

BLÅ ELD

銀裝素裹裡的縈青繚白

當火焰放射的光能量愈高，火焰的顏色便會從紅轉黃最後成「藍」。「藍火」，外表看似冰冷，卻蘊藏熾熱滾燙。

若要我說個最能代表瑞典性格的餐瓷，我第一個會聯想到赫薩‧班特松（Hertha Bengtson）的「藍火」（Blå Eld）。瑞典人給人的第一印象，總是內斂有禮，不過份張揚親暱，卻也不是那樣冷冰冰的疏離，相處後你會發現瑞典人的情感放在心裡，一種得給他們時間認識、相處，才會煨出感情來的慢熱，這種似曾相似的感覺，就像瑞典《復古》雜誌（*Scandinavian Retro*）給經典「藍火」下的註解——將心放進火焰裡。藍色的火焰之心，如同春秋時期的名劍「干將」、「莫邪」，得以身殉爐方能得名器，而將心放進火焰裡燒出來的器皿，是何等異曲同工鑄器者的精氣神。

當人們對某些事物習慣後，習慣便會成為一種約定俗成的規範，人們不會輕易去挑戰規範或權威，因為大家都害怕結果只是一場飛蛾撲火。後世人在評斷藍火設計師赫薩‧班特松時，總會用「勇敢」、「大膽」、「絕對自信」來作為這女設計師的特點，在七十幾年前的1940年代，北歐餐瓷仍習慣圓

形、素色等設計規範，但「爲什麼盤子一定得是圓的？」或許有人想過這問題？也想嘗試改變，但總停留在「想，卻不敢突破」的關口，赫薩正是當時第一個挑戰這項傳統的人。

赫薩出生在瑞典南部布萊金厄（Blekinge）一個小村莊裡，她曾經夢想成爲一個美術老師，但學費及家裡到學校的距離，都不可能讓她成爲一個正式的美術家，退而求其次的她轉而修習瓷器繪畫的課程，20歲那年她在林雪平的瓷器工廠Hackfors，找到她人生第一份餐瓷設計師的工作。在這家小瓷器廠，赫薩快速嶄露頭角，兩年後已是部門經理，從她一生輾轉流離的幾家餐瓷設計公司，不難看出赫薩是個極具野心的冒險家，Hackfors這家小瓷器廠終究無法留住她的鴻鵠之志。

1941年，24歲的她轉戰當時瑞典知名的瓷器廠Rörstrand，一待便是23年，其間設計六個系列作品，最著名便屬「藍火」及「烹調」（Koka），也成爲Rörstrand瓷器廠1950-1960期間幾位知名的設計師之一，她的魅力不僅受到瑞典收藏家喜愛，更引領當時美國好萊塢一股北歐餐瓷風潮。

1. 老照片裡俏皮的赫薩‧班特松正展示她製作的大盤及「烹調藍」系列杯皿。2. 赫薩最知名的兩個系列，「藍火」及「烹調」，一種專屬她，獨特的「藍薊」藍。

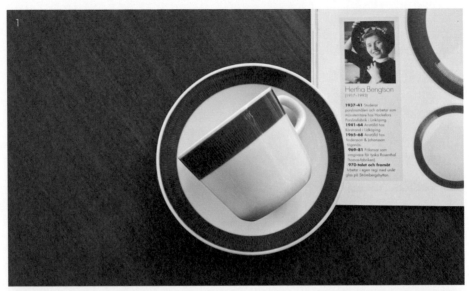

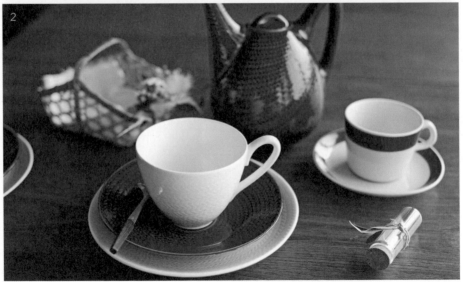

突破當代潮流，從功能性出發的機能美學，

燃燒到美國好萊塢的藍色火焰

　　四〇年代末接近五〇年代，對才華洋溢的赫薩卻顯艱難，她來到Rörstrand 瓷器廠擔任餐瓷設計師，已接近第十個年頭，這是瑞典最知名的陶瓷公司，不像之前的小工坊，讓她一直有獨占鰲頭之姿，陶瓷廠裡太多可以和她平起平坐的設計師，她暗自告訴自己「一定得有重大突破」。

　　顏色，是她第一個想要打破的藩籬，在一片穩重的米棕色餐具海裡，她厭倦這種一成不變的顏色規範，除了同色系餐盤單調組合，還有什麼其他可能性？客人是否可以有更多顏色搭配選擇權，或許變成色感強烈的藍搭配素淨的白，也或者白色配白色，藍色配藍色，抑或者餐桌上允許出現更多顏色組合，讓顧客可以自由選擇、自由購買。

　　形狀和器皿功能性是第二個她想改變的，更重視機能性與人體舒適度成為她設計的出發點，突出的美學也不被忽略地涵蓋其中，將普通的麵包籃多挖個洞當把手，方便拿取；餐盤除了圓形，多了不規則形，創造出優美曲線的水滴形，水滴狀的底盤，既可承載食物，又可作為水果碗，水滴狀的碗，既可裝承肉湯濃汁之物，又可裝淡菜海鮮，還可變成糖果碗，器皿的功能性不再只是單一。

顏色可以自由搭配、突破既有的圓形設計、走出食器單一功能性,都是當時「藍火」系列的創舉。
水滴狀的盤皿、擁有突出高聳把手的茶壺、內斂的藍白組合吸引瑞典與美國群眾爭相收藏。

這是一場赫薩對過去傳統的挑戰，她想創造出不同以往，嶄新卻又華麗的新餐瓷。只是沒人知道這個冒險賭注是否會成功？

因為是一場不確定的賭注，所以Rörstrand瓷器廠一開始只進行少量器型的模擬製作，以整套茶具餐瓷為實驗對象，在真正器型形狀確定前，前後共經過四年時間反覆討論，一再切割打磨反覆模擬，其間赫薩和Rörstrand瓷器廠首席執行長弗雷德里克‧威特傑意見並不一致，甚至相反，弗雷德里克建議這系列茶壺把手應該比一般傳統茶壺更低，但赫薩卻堅持更高，且流嘴應該更向上延展，維持器皿流線的優雅，在這項分歧的意見上，弗雷德里克最終在市場行銷的創新、不同以往、驚奇等方面，做出最大的讓步。

1951年，藍火系列正式推出幾款系列單品，Rörstrand瓷器廠執行長弗雷德里克和赫薩的奮力一搏，最終如同「藍火」一般，讓當時銷售市場燒得又猛又烈。

之後，赫薩更推出一款不同以往傳統餐盤組合的Tv-set，一個杯子搭配既是底盤又是點心盤的組合，底盤承著杯組，旁邊卻有足夠空間放置餐點，這項前所未見的Tv-set組合隨即席捲美國好萊塢，成功成為當時好萊塢的一股時尚流行。藍火系列一直從1951年推出，到1971年赫薩和弗雷德里克離開Rörstrand瓷器廠，總共設計出58件不同的造型，二十年期間一直都有著很好的銷售成績。

「藍火」(Blå eld)名稱由來和銷售市場上顏色的變化

　　赫薩多年後提到：當時為系列命名時，第一個發想來自「藍薊花」(Blå eld blomma)，第二則是來自自身個性的剛強及內心的火焰。「藍薊」，又名「藍刺頭」，中歐至瑞典一帶特有的花種，喜陽光充足低溫漫長的地區，常見在乾燥的田邊和路旁生長，整株藍薊高30-90公分，莖葉通體披滿灰白硬毛、剛硬如刀，頂端卻是小巧可愛的藍紫色穗狀花序，在花語裡稱之「受到上天特別眷顧」、「受祝福的薊」。

「藍火」特有的高聳把手和流嘴。　　歐洲田野常見的藍薊花。

「藍火」一開始的產品設計，只嘗試白色和藍色兩色搭配組合，但藍火的「藍」卻是不同以往餐瓷上的藍，而是混入鈷藍原料的深邃藍，且表面帶有滑潤的光澤，在每一個「藍火」系列餐瓷上，通體環繞一圈又一圈的微浮雕圖案魚骨紋，雖說是魚骨紋圖案，但也類似繩索或麥穗的圖案，均是日常生活常見的圖騰，當你用手親自去體會所謂魚骨紋，微凸的手感足以讓你感受到器物自身隱藏的性感。1957年「藍火」系列陸續增加灰色和紅色，最後才推出更特殊的暗綠色。精通Rörstrand品牌的專家彼得‧史坦伯格（Peter Stenberg）提到這些特殊的顏色，一開始是為了進軍海外市場而創新發行的不同色系，然美國市場的大成功，反讓這些新的顏色在瑞典跟進發行。只是這些特殊顏色在瑞典的銷售並不如海外暢銷，固執的瑞典人依然只對如深邃大海般的鈷藍色系鍾情到底。

但在五〇年代當時的有限製作材料裡，多以Flintgods為主要餐瓷原料，這是一種混入打火石混燒的石料。這種材料可讓赫薩設計的不規則形狀得以雕塑延展，但缺點是燒出來的器皿較脆，碰撞後容易產生缺角，甚至產生裂紋，反覆使用後會讓水分沁入餐瓷並產生色斑。

時至二十一世紀的今日，若手邊還有幸看到保持狀況良好的「藍火」，都是在極度小心使用，且非常難得的狀況下，才得以有完整風貌。除了鈷藍外的其他顏色在瑞典銷量並不樂觀，因此製作流傳下來並不多見，有時還可以在

一些二手商店或拍賣場上，看到紅色、灰色系的蹤跡，但當時所發行綠色系的餐瓷簡直像絕跡般，完全不見蹤影。

老舊傳統必須消失，才會有新的出路，而走別人未走過的道路，也必是充滿荊棘與膽怯，赫薩在1951年所創造的「藍火」，經過七十多年時光的淬鍊，依然留下它最優雅的身影，除了如深邃湛藍大海般的幽渺，「藍火」最動人之處，在於它細化了當時食器史，將北歐餐瓷往前推進一大步，代表一個新時代創新的渴望與進展。

「藍火」，一如瑞典人的性格，外在如此靜謐卻內心如火。

ADDITIONAL
INFORMATION

──

從烤箱到餐桌

　　若將 Rörstrand 瓷器廠裡最矚目的兩位女性設計師做比較，譽為瑞典瓷器之母的瑪麗安內・韋斯徹曼屬於創意多、新意多、產量也多的創作型選手，而赫薩・班特松則屬於需要比較多時間去醞釀創作，少量卻款款經典長銷的長跑型選手。

　　「烹調藍」（Koka Blå），是赫薩既「藍火」後另一項經典，當大家都還沉醉在「藍火」的優美身影，立志集滿每一款新打造上市的時尚新款時，「藍火」的缺點卻也陸續在市場上暴露，因為不規則器型加上所採用原料關係，導致「藍火」系列的餐瓷有碰撞便容易產生缺角，甚至產生裂紋的缺點。「烹調藍」的出現是赫薩為扭轉不堅固這項缺點，所做出的重大設計調整，希望以最簡單的外型包裹貨真價實地樸質耐用，打造出另一種簡易樸質新美學。

　　「烹調藍」首先嘗試改變瓷土原料配方，以更細密的長石（fältspat）作為基石，燒製出來的器皿不僅堅固，耐熱性也非常好，當時廣告便以「烹調藍」可以直接在電爐上加熱，也可以直接進高溫烤箱，作為主打行銷，當時廣告術語「oven-to-table」，從烤箱到餐桌，既不需要更換其他器皿上餐桌，也不必擔心進烤箱的器皿容易龜裂，更可以進洗碗機清洗，一種可隨心所欲在日常生活使用的器皿。

　　「烹調藍」的生產時間於1956-1988期間，其圖案簡易乍看樸質無味，僅有緊密黑色線條佈滿杯沿小段深藍色色塊，藍底黑線條圈成一圈，杯、碗、碟均是相同圖案，只是另有壺及較大型方盤，黑色線條則變成深藍色的葉脈圖案，而一條又一條悠游自在的小魚

圖案,則只出現在兩款較扁平的把手平鍋上。在這平淡無味間,令人感到驚奇的是三十多年的生產線上,主婦群們依然對這款簡單卻堅固耐用的「烹調藍」,熱愛度長盛不衰。

　　1967-1981年間,赫薩如同打造「藍火」般,企圖改變「烹調藍」的顏色,前後推出棕色、灰綠色及黑色三種顏色,只是可惜的是群眾並未將「烹調藍」的熱度轉移到其他顏色上去。

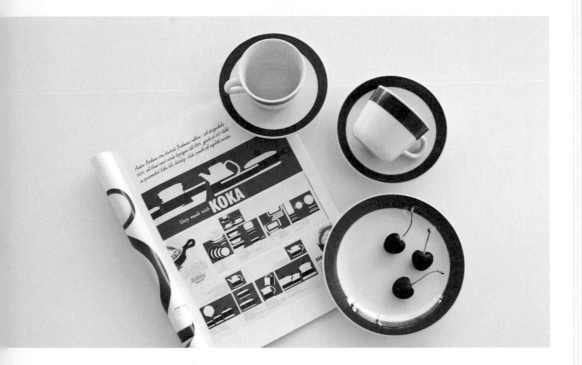

HERTHA'S TABLE

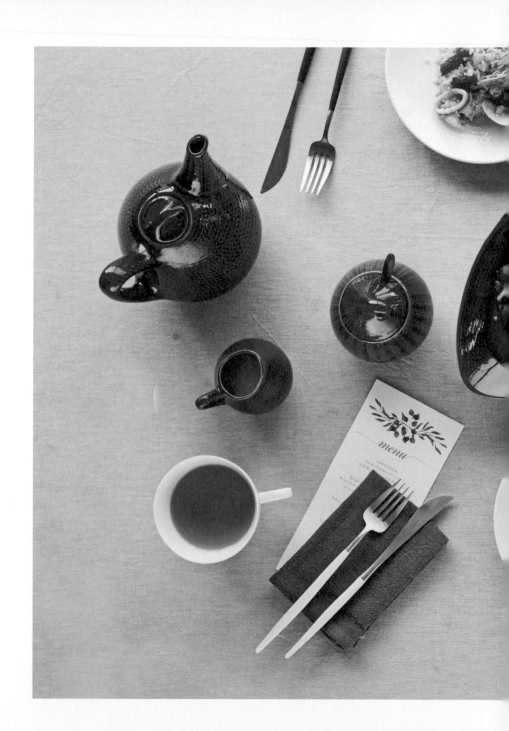

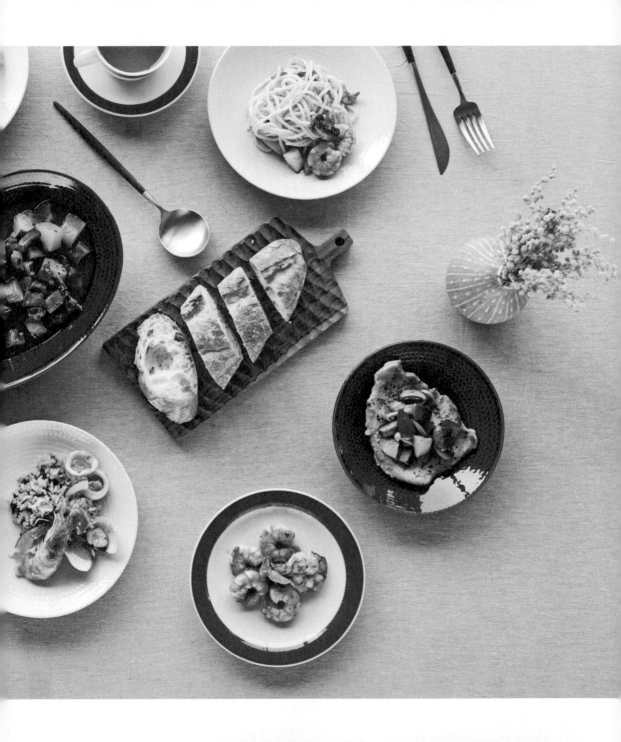

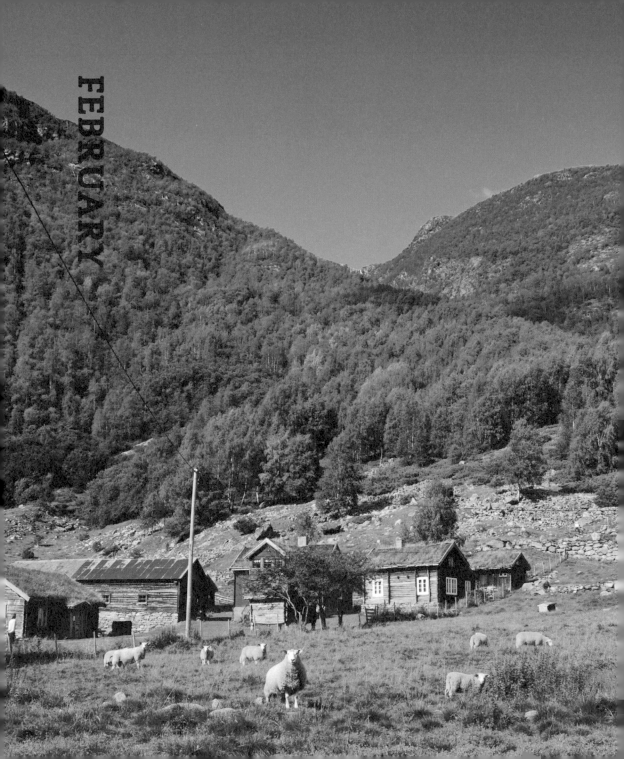
FEBRUARY

LOTTE

挪威森林裡的童話故事

在這個靠近世界極北之境的國度裡，山巒被深淺不一的綠簇擁著，夏秋之際，森林裡的小溪從某個隱密處潺潺流出，經過了茂密的黑森林，遇見了採著蘑菇的大野狼、扛著獵槍的小紅帽和採花朵給戀人的獵人，溪水涓涓，從山頭一躍而下，成了瀑布化為飛泉。

在挪威一座陡峭高山環繞的小牧場裡，住著一位美麗的斯堪地納維亞女孩，她既優雅又勤奮，喜歡小牧場裡的一切，也樂於幫助其他人，生性浪漫的她總倘佯在花草與群鳥之間嬉戲，牧場裡的人都非常喜愛她，並稱她作「不疾不徐的樂天姑娘」，樂天（Lotte）的心裡總有著另一聲音，大聲的吶喊著「去外面冒險」，看看牧場之外究竟是怎樣的世界。

有一天在一處山丘上，樂天遇見讓她一見鍾情的男子薩穆埃爾（Samuel），樂天和薩穆埃爾的愛情故事就從這座小山丘上有了開端，樂天和薩穆埃爾的愛情故事最後又如何發展？有美好的結局嗎？大家都有著無限的想像，但沒有人知道故事的結局。

這只是一則在挪威鄉野耆老嘴裡口耳相傳的故事〈不疾不徐的樂天〉（makelige Lotte），時光荏苒物換星移，每一次的口述傳唱都替樂天和薩穆埃爾多增添那麼一點眼耳口鼻，他們如何相遇，他們戀愛了，他們舉行了一場婚禮，他們有了一個天眞浪漫的女兒，一次又一次，流傳又流傳，樂天的人生三部曲。

Figgjo是挪威一家著名的陶瓷廠，1941年，仰賴著Figgjo河充沛的水力發電及河岸黏土創建而成，1960年這家陶瓷廠來了位神話般的設計師圖里‧格讓史道得‧奧利佛（Turi Gramstad Oliver），她將這些鄉野迷幻的傳說故事，開始如假似眞地在餐瓷上一一展開。

Turi design ，挪威森林裡的童話啟示者

1960年對Figgjo Fajance AS是異常艱困的一年，原本便銷售不彰的產品在德國瓷器加工廠的夾擊下，讓整個挪威陶瓷的生意更是一蹶不振，公司已停止以往的新巴洛克及古典懷舊兩大風格主打設計，下一步的設計風格沒有人知道該走往哪裡？公司大膽地將風格主導權轉回設計師手上，讓設計師自由發揮新形象、新風格，再讓市場主導下一步該何去何從，或許這才是處處死棋中的唯一活路。

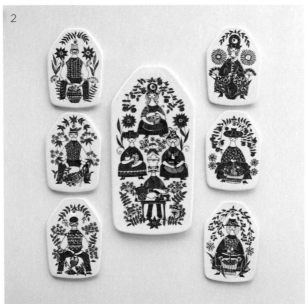

圖里設計的奶油板、起
司板和麵包板,也可當
成掛飾裝飾。
1.「民俗學」(Folklore)
系列。2.「莫斯和米列」
(Mons og Mille),展
現活生生的挪威傳統民
族服飾和生活風情。

61

1960年也是圖里·格讓史道得·奧利佛來到Figgjo的第一年，22歲的她剛從卑爾根藝術學院（Kunsthåndverkskolen i Bergen）畢業，甫畢業的她看似青澀，但她早已累積多年的實習和工作經驗，1956-58年，她在奧斯陸國立工藝美術學院就讀時，便在一家陶器工坊擔任挪威知名陶藝家卡里·奈奎斯特（Kari Nyquist）的助手，從她往後的作品中，不難看出這段期間她受卡里·奈奎斯特的影響甚深；之後轉往卑爾根藝術學院就讀時，圖里也就轉到陶器廠Stavangerflint旗下工作。

Figgjo陶瓷廠便位於Stavangerflint陶器廠南邊不遠處，約20多分鐘車程，美麗的Figgjo河環繞整個城市，城市四周被青蔥的森林、起伏山巒所包圍，圖里便在這的第三年創造出第一個吸引世人目光的系列——「樂天」（Lotte），也帶領Figgjo Fajance AS陶瓷廠開啓另一個嶄新風格的扉頁，挪威文化藝術史學家薛剔·法蘭（Kjetil Fallan）將圖里視爲Figgjo陶瓷廠的指標性設計師，並認爲她開創出陶瓷廠繼古典、華麗之外的第三條設計風格，Figgjo由圖里手上開啓一連串綺麗神話色彩的系列作品。

圖里最知名、圖案也最豐富的兩個系列。
1.「樂天」系列。2.「市場」系列。樂天和薩穆埃爾的人生三部曲，市場裡每個小攤販的買賣風情都一一在這些餐皿上展開。

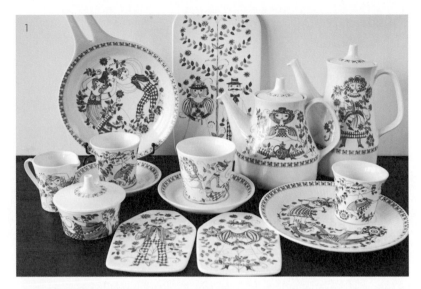

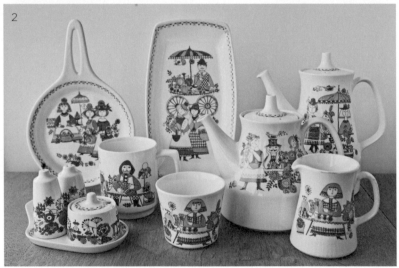

「樂天」(Lotte)

　1962年，圖里第一款傳說故事作品「樂天」面世，打破餐瓷單一圖案設計，利用簡單藍色線條，搭配紫色、橄欖綠、藍色塗色，勾勒出一個又一個充滿想像的故事，圖里認為單一場景圖案，實在很難將自己內心想說的故事表達完整，所以只好將這如史詩般的故事模仿遠古岩畫手法，在不同款式的餐皿上實驗地創造出不同場景、不同人物、不同故事，一開始的設計或許有一個原始傳說文本支持，但這又不只是一個單純的傳說。

　第一次實驗作品「樂天」在挪威市場的銷售成績並不如預期的好，反在海外市場賣出了出乎意料的好成績，特別是在加拿大、日本、澳洲等國家，顧客拿著杯子上的圖案好奇地想更進一步瞭解圖里說的傳奇故事。對於這個問題，圖里曾公開給客戶一封手寫信來回應，她提到她在文本上加入非常多自己添加的想像故事，每個人都可以自由地繼續想像和流傳這個故事，客戶可以選擇其中一個故事帶回家，也可以收集所有圖里筆下描繪的「樂天」故事。每個人說故事方式不同，有人在畫布上，有人用文字說故事，而她的故事卻是在杯盤間展開。她創造樂天這樣一個角色，並將大家一起帶入這個陌生卻美好的花鳥世界。

　樂天，這位美麗又勤奮的斯堪地納維亞女孩，是來自 Figgjo 神話設計師圖里所創造的第一個故事，風靡市場二十多年，1962-85 年生產不間斷。

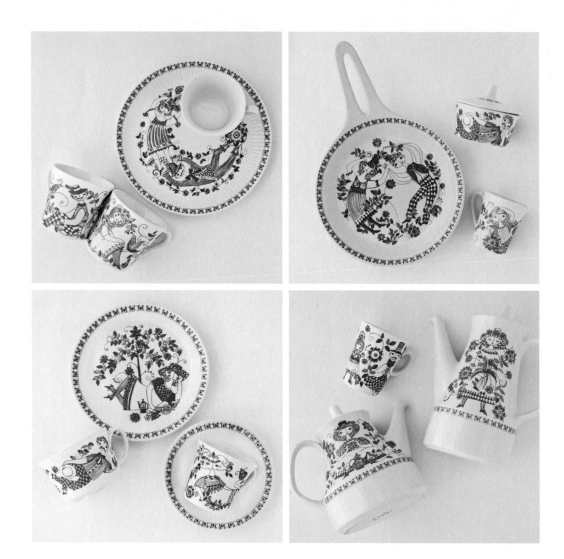

「市場」(Market)

夾帶「樂天」海外高銷售之姿，1966年圖里在相同器型Nordkapp之上，設計出第二個故事圖案——「市場」。

圖案以綠色線條為主軸，塗色則用橄欖綠、土黃、深綠三色，描繪出一個鄉村市集的生活景象，市場上有賣魚、蔬菜、水果、花卉的各式攤販。遠洋漁船正返回漁港，魚販子抓出新鮮的魚貨準備兜售，三個仕女一手挽著提籃、鮮花，一手撐著蕾絲陽傘信步走來。腳套尖頭靴、身穿挪威傳統服飾的女孩擺了個簡單的小攤子，賣著農場裡剛收成的太陽花、蒔蘿、甜菜根、玉米和大蔥；另一處三個攤販又成一處，左右逢源的賣魚男子正偷覷著左邊嬌俏潑辣的農場女孩，右邊嬌羞的賣甜點女孩前擺放著新鮮雞蛋、蝴蝶麵包和多款餅乾，農場的雞也在攤販前東啄西啄湊熱鬧。每一處市集角落的小風情，活脫脫跳躍於不同的餐皿之上。

有人認為圖里筆下的「市場」系列可解釋為對二十世紀各地農村被城市化的一種反批評，但或許大家可單純地將這些視作另一個歡樂的故事，透過圖里的圖像穿越回那個農家樂的年代，瞭解挪威當時男女傳統服飾、配件、生活景象。大家可選擇最喜歡的一個景象購買，也可以收集滿全部的市場風景。

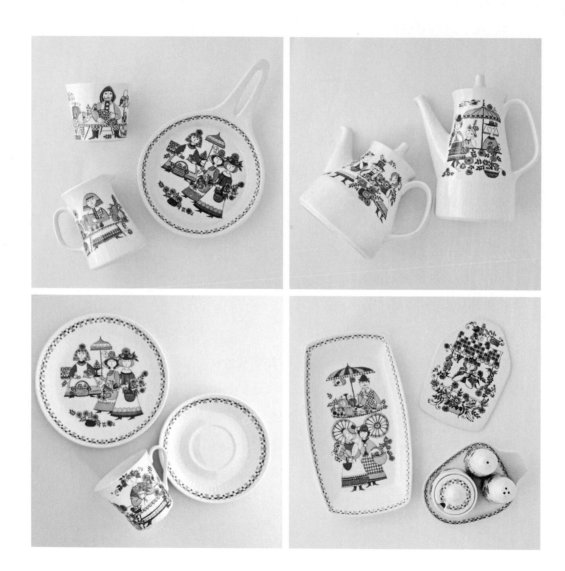

「阿登」（Arden）

　　阿登（Arden）的主要腹地位於英格蘭沃里克郡（Warwiekshire），緊鄰Avon、Tame兩條河川流貫而下，腹地周邊茂密叢林常綠，在遙遠的年代被稱爲「阿登森林」。這片廣大的腹地曾經與莎士比亞母親那邊的阿登家族有著密切的關係，阿登森林在莎士比亞的童年回憶裡是一座美好又充滿幻想的樂園，在莎士比亞著名文學作品《皆大歡喜》中，莎士比亞便將故事場景設置在阿登森林裡，這座阿登森林原型靈感雖來自法國、比利時阿登南絲高地（Ardennes），但莎士比亞混入許多兒時自家門口阿登森林的影子。

　　圖里在1968年羅加蘭劇院觀看莎士比亞另一齣名劇〈仲夏夜之夢〉時，便啓發她以莎士比亞筆下的理想國「阿登森林」作爲創造的靈感，1969年，她創造出屬於自己的「阿登童話森林」，「阿登」系列以紅色線條爲所有圖案主線，無穿插多餘顏色於其中，器型改採當時Figgjo部門經理，也是當時知名陶藝家拉格納‧格律斯倫德（Ragnar Grimsrund）1965年的設計「Færder」（此器型是專爲同年圖里所描繪的「鯡魚」（Clupea）系列而設計）。杯子器型較爲矮胖圓融，底碟爲方形設計，突破一般傳統設計，更顯俏皮活潑。

矮胖圓敦的Færder器型，被圖里應用在多款圖案設計上，最知名的「鯡魚」（右下圖）與「阿登」（右上圖）系列。

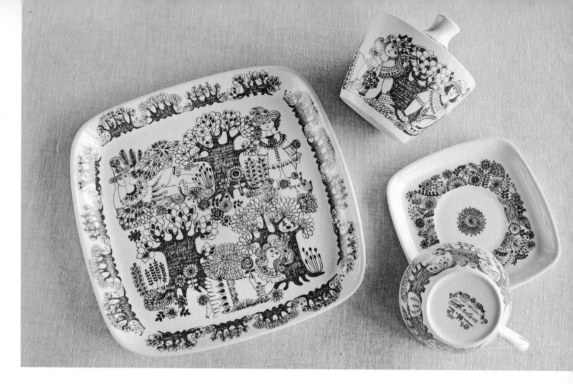

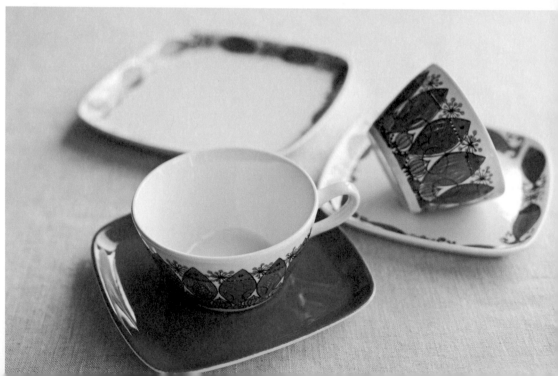

圖里在創作「樂天」、「市場」、「阿登」等系列作品後，1970年又發表類似敘事作品「香水草」（Heliotrop），及1973年的「維多利亞」（Victoria）。1970年代的北歐餐瓷藝術史，因圖里颳起一陣迷幻童話故事風，簡易的線條筆觸下串連起一個又一個鄉里間被遺忘的故事，也算是當時另一條異軍突起的風格。不過，這樣的風格不能說全是圖里的創新，1950年代多位藝術家均是她模仿的典範，如：丹麥陶藝家比恩・溫布萊德（Bjørn Wiinblad）及她最早擔任助手的挪威陶藝家卡里・奈奎斯特（Kari Nyquist）等，尤其受卡里・奈奎斯特藍色系列影響甚深，只是最後圖里以女性設計師特有的纖細浪漫，創造出屬於自己的藝術風格，更將其迷幻風格推廣到更實用的工業量產餐皿之中，不再只是孤高不可親近的藝術品。

在Figgjo陶瓷廠三十多年，圖里前後共設計出270個不同種類的作品，圖里對於這樣的成績非常滿意，雖然目前她已從工廠退休，但她依然熱衷將藝術推廣到人們的生活裡。2010年，圖里便在自己家鄉桑內斯（Sandnes）的一家咖啡店裡舉辦個人作品展，將生活美學傳遞到挪威各個角落成為圖里退休後的終生志業。

圖里的故事依然在延續，只要人們的童話世界沒有滅亡，我們始終追求屬於內心最隱密、最有愛的阿登森林，那屬於圖里也屬於我們。

圖里於1973年設計的「維多利亞」系列，紛飛的蝴蝶、滿庭院的太陽菊、繡球花，還有需細細尋找躲在花叢間的花仙子。

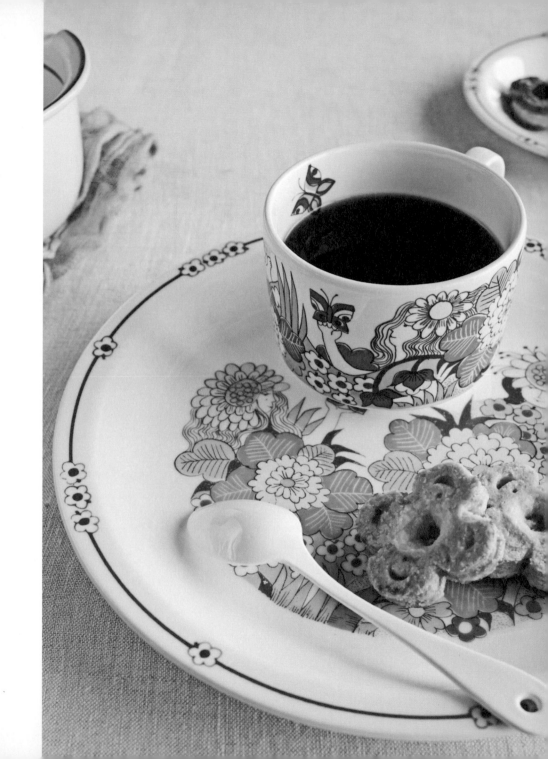

ADDITIONAL
INFORMATION

⊢

「樂天」杯組器型標記TIPS

Figgjo的樂天故事對廣大的消費群，有一種特別強大的吸引力，從1962年推出Nordkapp器型，銷售成績維持20年不衰。但隨後Figgjo推出另一款新器型Gourmet，號稱瓷器品質更為精良。

右為早期Nordkapp器型，左為後期Gourmet器型。

不僅器型外觀不同，新舊款底部標記也因應不同時期製造而有所不同，底部有turi-design Lotte made in FF norway，並用三朵小花及卷曲樹葉環繞其中，為1962年開始最早期的標記（圖1）。另有簡易版底標，僅出現文字FF NORWAY，FIGGJO FLINT，此亦為第一期生產作品（圖2）。

1970年生產的標記則改為框線框住新廠標及FIGGJO NOWAY字樣，底部一樣是圖里的簽名Lotte（圖3）或者加註V555品質保證標誌（圖4）。

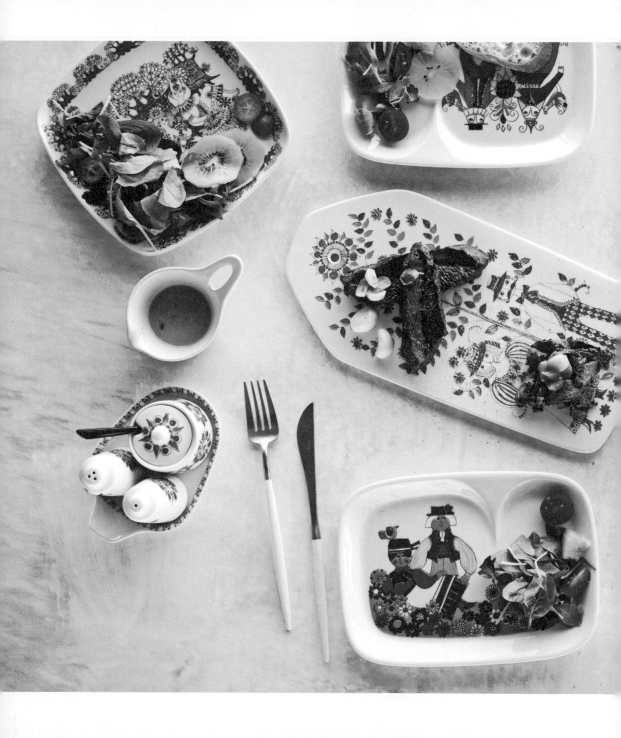

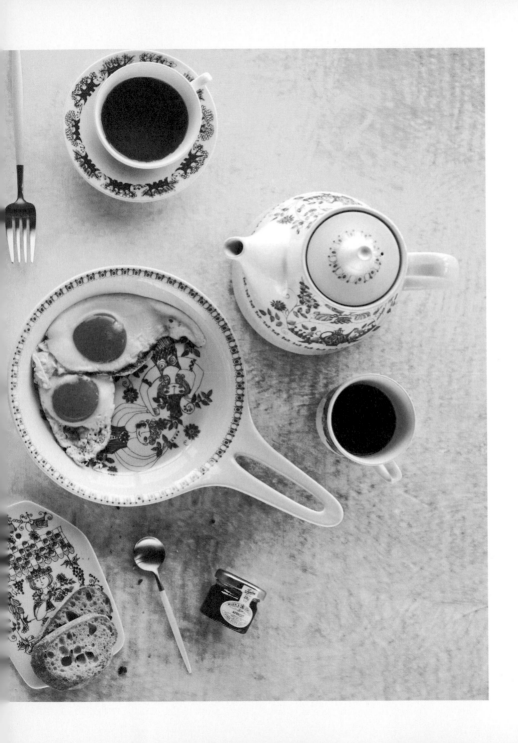

MARCH

SPISA RIBB

黑色肋骨線下的迷團

1945-1950之間，瑞典斯德哥爾摩國立藝術與設計學院（Konstfackskolan）首席陶藝老師埃德加·伯克曼（Edgar Böckman）門下，同時期出現兩位不同以往的女學生，瑪麗安內·韋斯徹曼（Marianne Westman）和卡琳·比約奎斯特（Karin Björquist），同樣青春且才華洋溢，同樣在設計學院就讀時，便被著名陶瓷廠網羅，瑪麗安內·韋斯徹曼進入了Rörstrand瓷器廠，成爲後來的瑞典瓷器之母，而卡琳·比約奎斯特則進入另一個陶瓷大廠Gustavsberg，成爲當時斯蒂格·林德貝里（Stig Lindberg）的助手，並於1974年斯蒂格·林德貝里肺癌復發期間，1981年正式接下Gustavsberg創意總監位置，被譽爲Gustavsberg瓷器廠繼威廉·卡格與斯蒂格·林德貝里之後最具代表性的設計師。

1. 三月的瑞典迎來春天，也迎來華夫餅日（Våffeldagen），格狀的華夫餅，幾何線條圖案，迷人的Spisa Ribb。
2. 瑞典設計界流傳著隱密八卦，Spisa Ribb背後設計師究竟斯蒂格或者他的助手卡琳。右圖為年輕時期的卡琳。照片來源｜Nationalmuseum/mynewsdesk.com（CC授權）

1955年，我想對卡琳的心理是很微妙的一年，尤其在Gustavsberg於赫爾辛堡的H55展覽會後，那是一個寫下陶瓷界創新革命的成功展示，斯蒂格的「Terma」及「Spisa Ribb」兩系列一如既往吸引了眾人的目光。這兩套器皿特意以素雅、低調的外表凸顯其功能性，成套的餐具不僅僅是擺放在豪華宅第裡富人專有的奢華，更應該是走入一般平民百姓家中實用的器皿，所有的食物和熱飲都可以被裝盛在容器內，送進烤箱或在電爐上直接烹煮，耐熱、保溫且不易損壞，是H55展覽會上強打的經濟實惠，所使用LI型號的咖啡杯及茶杯，更在製作過程加入當時最受歡迎的「骨瓷」材質，讓成品的強硬度和耐熱性延展出更高的高度。H55展覽會的大成功，讓身為斯蒂格助手的卡琳一樣與有榮焉，只是設計界有則八卦這樣流傳著……

黑色肋骨線下的設計八卦

1950年甫從設計學院畢業的卡琳立刻成為當時已小有名氣的斯蒂格助手，這對任何人來說都像天下掉下來禮物般幸運，當時已是瑞典瓷器廠龍頭的Gustavsberg有兩位設計大師坐鎮其中，一個是斯蒂格，一個是斯蒂格的師傅威廉‧卡格，身為斯蒂格助手的年輕卡琳顯得誠惶誠恐，她是要成為蕭規曹隨

的得力助手，或者從學習過程中找出自己的設計風格，企圖心旺盛的卡琳顯然選擇後者的道路，她渴望自己設計出不同以往的設計，專屬自己的風格。

卡琳在Gustavsberg的第一年（1951）便設計出第一個作品「冰屋」（Igloo），以北歐特有冰屋造型為外型，搭配雪白點狀的浮雕，素淨姿態外帶點俏皮可愛，從卡琳第一個作品便不難看出她對簡單幾何圖案及線條的著迷，1952-53年她陸續推出單一色線條的「茶（紅色）」（Tea Röd）、「茶（藍色）」（Tea Blå）杯皿系列，其後的「黑鑽石」（Svart Ruter）系列，則以黑色菱形為構圖風格，1955年的「鈷藍」（Kobolt）系列同樣走線條風格，線條、幾何雖然圖案簡單，卻是卡琳當時屬於自己獨特的部分。

卡琳設計的「黑鑽石」、「茶（紅）」、「茶（藍）」系列，後方則為「鈷藍」系列。

1955年在H55展覽會大放異彩的Spisa Ribb推出之前，傳說卡琳曾拿過一份設計草圖和斯蒂格討論，那是一個裝飾著黑色和棕色線條混雜的杯組，斯蒂格當下看到時感到非常驚奇，並說道：「我在家也畫了一個一模一樣的設計草圖」，不久這以棕色周沿裝飾著放射狀黑色肋骨線的圖案，化身爲Spisa Ribb，是斯蒂格・林德貝里非常喜愛的一款設計。

至此，設計界開始傳出關於卡琳與斯蒂格的八卦，有心人士說道卡琳在Spisa Ribb之後又收到一個茶壺的新設計案，她爲了怕舊事重演，便將她的設計模型藏在一個書架裡，並用床單遮蓋起來，但這樣的作法並沒能阻止斯蒂格想偷窺的好奇心，偷窺之際因爲拉扯那塊遮掩的床單力氣過猛，反而讓卡琳新設計的茶壺摔破在地[1]。

當然，如今這也只是大家茶餘飯後閒嗑牙的八卦故事，沒有人可以撬開兩位當事人嘴，打聽到眞正的眞相。

註1：資料出處，網址 https://letaretro.se/2011/02/20/skvaller-om-spisa-ribb/

類似「肋骨線」的線條圖案設計，Gustavsberg
還有兩件類似作品，一為圖上方不知名系列，
圖案近似「肋骨線」+「赤土」（Terra），另一為
圖下方斯蒂格的「皮克」（Piké）。

Spisa Ribb 被遺忘的設計初衷

Spisa Ribb 的黑色肋骨線圖案使用在兩款斯蒂格設計的器型上，分別是模型 Spisa 和模型 LI，Spisa 模型包括平及深兩款餐盤、各種大小不一的桶狀皿（一般用於裝承馬鈴薯、肉丸子等食物），及大小長方形盤；而 LI 模型則是咖啡杯及茶杯，LI 模型同時被使用在斯蒂格幾款經典系列，如：「亞當」（Adam）、「夏娃」（Eva）、「李子」（Prunus）、「紅菊」（Röd Aster）、「藍

菊」（Blå Aster）。當時斯蒂格在設計 Spisa 模型時，其實有一項匠心獨具的設計，他希望餐盤能具備其他功能，可以既是用餐時的餐盤也是湯皿下的底盤，更可以變身成桶狀皿上頭的蓋子，增加保溫功能。

　　然這樣的設計，在當時卻不被消費者買單，這是一項突破以往設計的多功能鍋蓋，但鍋蓋上該有的把手或紐呢？後來大家也逐漸遺忘當初斯蒂格的設計原點。瑕不掩瑜，Spisa Ribb 素雅線條的風格，及強大的保溫功能已彌補種種設計質疑，只留下雋永的經典在消費者心裡。

從卡琳同款不同顏色設計，到器皿有亞當和夏娃的性別區分

　　之前提到卡琳的「茶（紅色）」和「茶（藍色）」系列，胖敦敦的圓潤外型，讓人聯想到裙擺裡頭暗藏骨架的仕女澎澎裙，樸拙的手繪線條，沒有印刷技術的工整筆直，卻多了點人的溫度。在如今的老件收藏裡，常以紅色線條暗喻女性，以藍色線條暗喻男性，代表同一張餐桌上器皿也有了性別意識，但在有限的資訊裡，對於卡琳所設計「茶（紅色）」和「茶（藍色）」描述甚少，到底卡琳在一開始的設計想法裡，是否涵蓋性別概念是很難說的。

　　自1952-3年「茶（紅色）」和「茶（藍色）」系列面世之後，同樣理念同款卻不同色系的設計，Gustavsberg裡還有另一位女性設計師比比‧布雷格（Bibi Breger）也曾有過許多非常出色的設計，但她在Gustavsberg瓷器廠工作時間非常短暫，僅停留1953-1957短短四年，她最知名的作品有「菱鏡」（Prisma）紅、灰兩色系，「格言」（Maxim）紅、黑兩色系，及「蓮花」（Lotus）黃、灰兩色系。1954年斯蒂格所設計的「柳葉」（Salix）系列也是以紅、黑兩色推出販售。

　　但器皿的顏色賦予上性別意象，卻一直到1959年斯蒂格的「亞當」和「夏娃」系列推出，才正式有伴侶對杯這樣銷售術語出現。

　　時至今日，除去「亞當」和「夏娃」這對情侶對杯，其實北歐社會對於性別

區分意識是很模糊的，並不會特意區別男性該用什麼，什麼東西又專屬女性，但亞洲消費者反而喜歡這類型以顏色暗喻性別的食器，用藍色或黑色來作為男性限定款，紅色則專屬女性，一張餐桌上有著屬於男主人的器皿，也同時擺放著女主人的，這是一種亞洲式專屬親密。

　　不管如何，卡琳和斯蒂格接下來的故事還在流傳，八卦永遠是牽動大家五感神經最敏感的媒介，在斯蒂格去世後，卡琳接手其在 Gustavsberg 瓷器廠的位置，當她身居瑞典最大瓷器廠的總監位置，又接著面對瓷器廠逐步走向衰亡的事實，1992 年，卡琳‧比約奎斯特在退休前，設計出最後一項知名作品諾貝爾杯則又是另一個故事，讓我們有機會再繼續說下去。

依次由後左往右，分別為卡琳的「茶（紅）」、「茶（藍）」、比比的「格言（紅）」，第二排「格言（藍）」、第一排斯蒂格的「亞當」和「夏娃」。

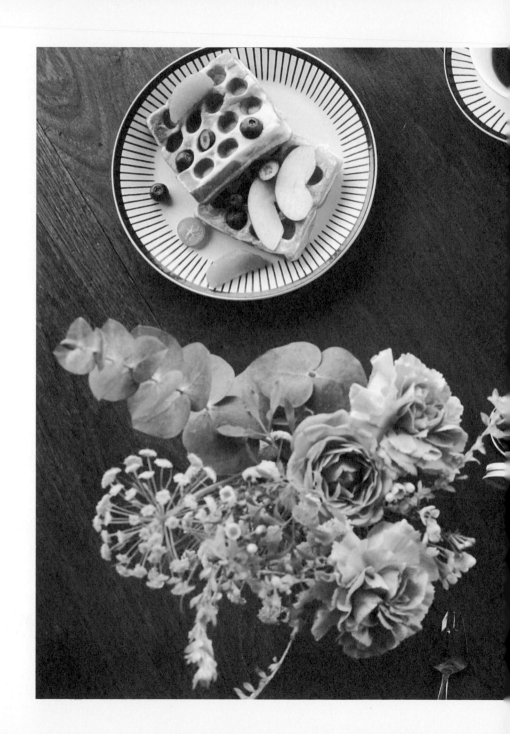

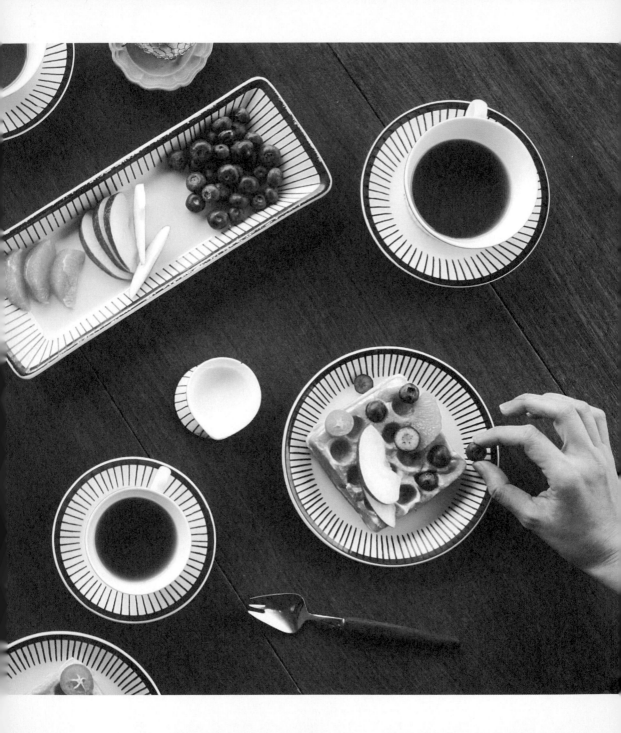

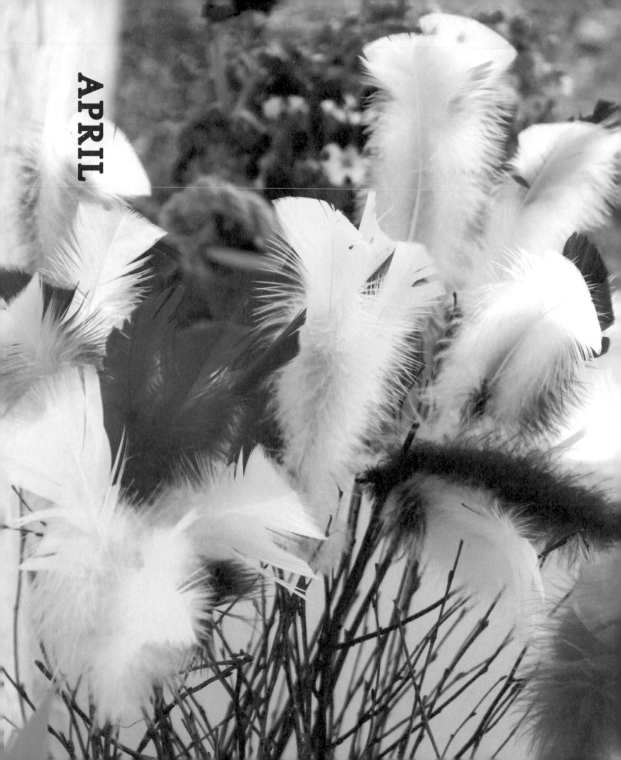

APRIL

MARGARETA HENNIX

掌控顏色的前衛設計師

很多人可能對瑪格列大‧海尼克斯（Margareta Hennix）這名字並不熟悉，但很多人手上卻可能已擁有幾件她設計的作品，還沒認識這位設計師前，我就是這樣一個隱性的粉絲，當我收藏第一只Gustavsberg顏色強烈的花卉咖啡杯，到第五只不同花卉的咖啡杯，我開始好奇這些器皿的設計師到底是誰？結果猛然發現竟都是同一個設計師，「瑪格列大‧海尼克斯」，她將女性的纖細柔媚和蘊藏在內心深處的大膽好奇，衝突卻和諧地展現在這些器皿之中。

《瑪格列大‧海尼克斯，設計師與藝術家》（*Margareta Hennix formgivare och konstnär*）一書一開頭便提到，人們從來無法忽視這位藝術家，中晚年的她有一頭橘紅色的卷髮、櫻桃紅的唇膏、完美的妝容、鮮紅色的指甲油、嘶啞爽朗的笑聲、充滿活力的魅力和熠熠發亮的眼睛，有時瞇起眼來卻又銳利如鋼，在瑞典簡潔黑白的設計世界裡，她是一個充滿五顏六色的另類存在。

換句話說，她是個很善於操弄顏色的設計師，異常講究顏色與形狀的平衡，總能清晰又明確地將合適的顏色應用在她所設計的每一樣東西上，在她的世界裡顏色得強烈且清楚，沒有混色或者其他模糊的界線，就如同你看到她的人一樣，看過你就不會再忘記她。

瑪格列大‧海尼克斯曾說過：

「設計出一套簡潔的餐具並不困難，最困難的是在於創造出吸引消費者興趣、好奇，進而有購買慾望的設計。」

這樣可以引領市場潮流的特殊能力，或許可以說是一種特有的天賦，但也可以說設計師的個性影響了他的作品，一個沒有個人特色的設計師所設計出來的作品，必定如白水索然而無味，相較之下，瑪格列大在既是設計師又是藝術家的職業生涯裡，一直將個人特色和與生俱來的天賦展現得非常好。

她以女設計師的身份完全掌握女性顧客群的喜愛，花卉圖案、顏色搭配、可愛俏皮，女性內心最童真的一面，讓她的設計活躍於瑞典六十年代後期到七〇年代初期。

17歲素描作品便被瑞典國王收藏的藝術家瑪格列大‧海尼克斯

瑪格列大成長於利丁厄（Lidingö），地處斯德哥爾摩省附近的一個群島上，他們家幾代的孩子都遵循著長輩們的意志，選擇了高社經地位的職業，如：律師、經濟學家、或者醫生，她的父母也一直期待她能走和家族其他人

一樣的道路。瑪格列大的藝術才華展現得非常早，當她還是小女孩時，就開始利用各種不同材料進行繪畫和設計工作，她的房間就是她的工作坊，二年期高中畢業後她更是違反父母的期盼，決定走一條和家族完全不同的人生道路，成為一個職業藝術家。

18歲的馬格列大在年輕畫家展覽會上。
照片提供｜M. Hennix

1958年，十七歲的瑪格列大開始轉往利丁厄的Nyckelviksskolan學習，這是一所由德國逃難到瑞典的教育家赫塔‧奧莉薇（Hertha Oliver）所成立的私立藝術學校，提供工藝、藝術、建築、設計等課程，瑪格列大在這主修一年的課程。進入這學校前，瑪格列大已經是一個才華顯露的素描畫家，1959年，校長赫塔‧奧莉薇力薦她參展當時瑞典國家博物館所舉辦的「年輕畫家」展覽會（Unga tecknare），十八歲的她是當時最年輕的參展者，當時的國王古斯塔夫六世阿道夫（Gustav VI Adolf）還買了她一些作品，隨後1960到1962年，她的作品也陸續被收購。

在進入Nyckelviksskolan前，瑪格列大一直以為自己會成為一個紡織藝術家，專攻織造方面的技術，直到她遇見他們的新老師弗雷德‧福斯倫德（Fred Forslund），弗雷德是一名嚴厲卻技術精熟的陶藝家，這個轉捩點改變了瑪格列大的人生計畫，她從此愛上黏土和陶瓷。

藝術與設計學院時期（1959-1963）

在1959年秋天，18歲的她申請了斯蒂格‧林德貝里（Stig Lindberg）所任教的斯德哥爾摩國立藝術與設計學院，這時候藝術與設計學院剛剛搬到新的位址，每一個系所有自己獨立的作坊，瑪格列大一開始申請三個專業科目，包括陶瓷和玻璃、紡織及繪畫，其實她內心第一志願是陶瓷和玻璃，但她的父母希望她成為一個畫家，畢竟她的畫作都被瑞典國王收藏了。最後，三個專業她都被錄取了，但她還是選擇走了自己喜歡的道路，陶瓷和玻璃製作課程，並成為斯蒂格的學生。

藝術與設計學院的學制分為兩個層級，一個是兩年制的初級基礎課程，之後又是兩年制的高級進階課程，瑪格列大完成初級基礎課程和兩次實習後開始進階課程，這時候她才正式成為斯蒂格‧林德貝里的學生。她回憶起學生時代的斯蒂格，提及一段他們師生倆相處的趣聞，在她心中，斯蒂格是個嚴厲到近乎嚴苛的老師，總希望學生所有的時間都花在練習陶藝作品或上釉，瑪格列大剛入學時為了賺點零用錢，會利用休息時間鉤些針織品賣給繪畫班的老師，斯蒂格知道後便調侃她們：

「你們覺得紡織班的女孩們會在休息時間做上釉的練習嗎？」

當然，學生們聽完總得收斂鉤針織品賺外快的行為。但之後斯蒂格某次在課堂上拿出一件由Gustavsberg生產且將在展覽會上展示的蛋杯，並交給瑪

格列大一個任務，希望她幫這個蛋杯鉤一頂小帽，這時候瑪格列大就反問斯蒂格：

「*老師，那這份針織工作我是得在工作時間做，還是休息時間做呢？*」

最後，瑪格列大獲准在休息時間繼續鉤著她的小針織品賺零花錢，但從這對師徒一來一往的針鋒相對，也看出瑪格列大什麼都不怕的性格，儘管是面對讓她敬畏的大師，她依然不改本色追求她想追求的。但在瑪格列大的回憶裡，斯蒂格·林德貝里一直是個幫助她、提攜她，且最讓她感到溫暖的老師。

馬格列大和斯蒂格在藝術技術學院時期：馬格列大和斯蒂格在藝術與設計學院期間上課討論情景。
照片提供｜ M. Hennix

1963年，瑪格列大不僅完成四年藝術與設計學院的學業，也拿下幾個設計競賽的大獎，更以最高殊榮的校長獎畢業，此刻的她已在設計界頗受好評地嶄露頭角。同年，瑪格列大也更換她本來的姓氏勒夫（Löv），換成夫姓海尼克斯（Hennix），她和她的同窗同學艾利克·海尼克斯（Erik Hennix）結為夫妻，隨即有了孩子，想專心育兒的瑪格列大暫時中斷所有工作，當她再度接受斯蒂格·林德貝里的徵召已是多年以後的事了。

從玻璃工坊到Gustavsberg瓷器廠
更多元的藝術設計

　　1965年，瑪格列大和她先生先到瑞典南邊一家玻璃工廠Johansfors Glasburk工作，或許是一邊育兒和當時玻璃製業的景氣並不熱絡的關係，這一家聘僱了約四十個工人的玻璃工廠，只提供她一年四個月的兼職工作，在這四個月裡她必須設計出足夠的圖樣提供工人整年的製作生產，這樣過了兩年，1967年，瑪格列大家可愛的小傢伙卡爾（Carl）滿三歲了，她終於放心把兒子送到幼稚園上學，此時斯蒂格再度提出一起到Gustavsberg瓷器廠工作的想法，26歲的她接受了Gustavsberg瓷器廠全職工作的合約，以一位設計師的身份，一待便是20年。

　　玻璃和陶瓷一直是瑪格列大無法捨棄的兩種創作，她也勇於嘗試將各式各樣材質應用在設計上，如：陶瓷、玻璃、石頭、塑膠等，所以她的設計不單單侷限於陶瓷，也從事大型公共藝術的戶外裝飾，甚至設計墓碑，1990年之後，將近50歲的她更是致力於玻璃藝術，2015年，已屆74歲高齡的瑪格列大依然充滿活力地致力於創作，她將古蹟殘骸的石頭和玻璃裝置在林雪平大教堂的地板上，留下時空長流裡的歷史痕跡，也留下她充滿歲月想像的設計。

　　瑪格列大的故事一直尚未結束，創作依然像年輕時期的她那樣不斷跳躍出新的靈感，歲月或許在她臉上留下痕跡，但在瑪格列大身上不曾改變還是那強烈的色彩，她的作品、她的服裝打扮，橘紅色的大卷髮（有時是紅色或紅棕色）就像她曾經設計過的「天使菲亞」（Änglafia），鮮黃色的大卷髮，蔚藍色的翅膀，粉紅色豐腴的酥胸。俏皮、前衛、色彩豐富，是她永遠不變的標誌。

30多歲的瑪格列大。
照片提供 | M. Hennix

「天使菲亞」（Änglafia）系列

瑪格列大在 Gustavsberg 的經典作品

• *1967年，金色火槍手「阿拉密斯」（Aramis）和嬉皮「派對」（Galejan）*

六〇年代晚期屬於設計的革命時代，無論在服飾時尚、藝術或音樂上都展現前所未見的變革，稱之為「激烈的黃金時代」。相較之下，在餐具裝飾設計這一塊卻維持了以往的保守，唯一頻頻創造出特例的設計師便是瑪格列大，1967年，她在Gustavsberg瓷器廠發表第一套餐瓷裝飾「阿拉密斯」（Aramis），「阿拉密斯」的靈感來自大仲馬的《三劍客》主角阿拉密斯，國王最忠誠、劍術超群、武藝高強的火槍手，更與當時火紅的美國好萊塢電影詹姆斯・龐德007特務系列不謀而合，瑪格列大金燦奪目的阿拉密斯，則將火槍手的火力完全釋放。

「阿拉密斯」是瑪格列大第一次發表的裝飾圖案，將其圖案彩繪在斯蒂格·林德貝里設計的骨瓷器型之上，白色骨瓷上第一次透明釉後，再將繪有金光燦燦，彷彿海浪波動的卷狀圖案轉印到白色骨瓷上，中間過程必須用豬鬃刷小心仔細地手工刷拭圖案，才能保有如今所見的金色光澤及底部白瓷的潔淨，手續非常耗時且繁複，在「阿拉密斯」之前很少設計師挑戰金色裝飾作品。

同年，瑪格列大再次以嬉皮風為設計靈感推出讓人耳目一新的設計「派對」（Galejan），以其大膽用色，營造出強烈色彩衝突，鮮黃色的花瓣搭配藍色花心，如煙火般散落在整個盤面，完全突破當時設計中一如既往的溫柔敦厚（另外同款推出較溫和無對比色的淺綠色系）。當時Gustavsberg瓷器廠的市場部門對此系列做出「年輕、新鮮活潑、有趣」的正面評價，瑪格列大自己也宣稱「派對」的推出超越第一款設計，並聲稱金色裝飾已經是過去式。

只是這樣的設計衝擊也反映在市場上，當時的消費者顯然還不能接受如此大膽前衛的風格，儘管當時的售價非常低廉，但依然僅僅上市一年便悄悄停產並下架。然而，瑪格列大·海尼克斯的設計吸引力卻也就此慢慢醞釀發酵，愈來愈多人喜歡這類型顏色濃烈的裝飾圖案，這也變成瑪格列大專屬的強烈藝術表現。

1.「阿拉密斯」系列，是馬格列大第一款在Gustavsberg發表的作品，製作過程非常繁複，少有設計師敢挑戰金色裝飾圖案。
2.「派對」系列，是馬格列大以嬉皮風挑戰當時溫柔敦厚的食器市場，也塑造出個人善於掌控顏色的前衛形象。

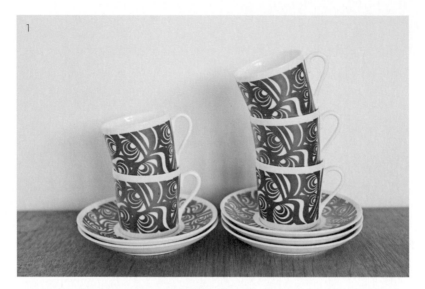

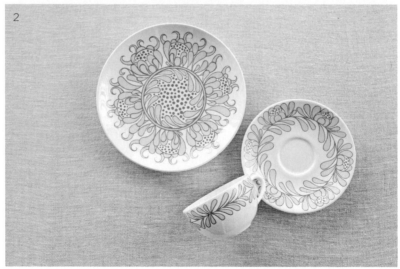

- *1968年，征戰奧林匹克運動會的「你好，瑞典」（Heja Sverige）*

　　1960年代，美國和英國開始流行將旗幟當作一種時尚的圖案標誌，大量使用在衣服、海報、玻璃、雨傘、牙線盒到內衣，1963年，瑪格列大在斯德哥爾摩舉辦的世界冰上曲棍球比賽時，便開始有這個靈感，為什麼不把瑞典那樣顯眼的黃、藍色國旗當作一種流行的圖案使用呢？

　　1968年奧林匹克運動會前夕，瑪格列大發表了Flaggjunkare系列，以瑞典軍隊特殊榮譽軍階Flaggjunkare命名，裝飾圖案以瑞典黃藍國旗為主搭配文字寫著：「你好，瑞典！」（Heja Sverige）、「新鮮的幽默」（friskt Humör），看到這裡對於這系列一點都不覺得新奇，但最有趣地方在於此款圖案是設計在孩子的尿桶上，「瑞典軍隊特殊榮譽軍階」、「瑞典國旗」對上「孩子的尿桶」，所以才會是「新鮮的幽默」。當然這樣的組合可以有很多不同詮釋，嚴肅一點可以說是對瑞典祖國的一種羞辱，也可以幽默一點說「榮譽階級也是得從嬰孩時期就開始培養」？不管如何，瑪格列大和一般民眾對這樣的冷幽默非常的享受。此系列上市沒多久，恰逢奧林匹克運動會在墨西哥舉行，要參加運動會的人對於長途飛行顯得心煩意亂，結果不少人竟攜帶這口印有「你好，瑞典！新鮮的幽默」的尿桶參加盛會，意外地成為這些人的心靈支柱，這款尿桶成功掀動了這陣藍黃旗幟的波動，「你好，瑞典！」這口號十分簡易好記，因此大家

反而稱此系列爲「你好，瑞典！」，逐漸忘記它原來的系列名。

　　一般歐洲的尿桶組合多是尿桶得配上洗手的大水壺，因此這系列也同時有大水壺和平盤兩種器型，推測平盤當初設計若是一起推出，應不屬於一般餐盤，而是用於衛浴臨廁時的用具，可能是放拭手巾平盤。只是時至今日這些器皿的用途也不像以往這般講究，這樣懷舊的小孩尿桶今日也多變身成花器，因此今日將平盤用作一般點心盤也無可厚非。

- *塵埃裡的鏗鏘玫瑰，瑪格列大的四季花卉*

　　瑪格列大在1968年之後陸續發表好幾款以花為主題的設計，其中有黑白色的「太陽花」（Solros）、「款冬」（Tussilago）、「薔薇睡美人」（Törnrosa）、「六月花」（Juniblom）、「花」（Flower）、「茉莉」（Jasmin，粉紅、綠、黃三色）、「番紅花」（Krokus）、「愛的故事」（Love story）、「朱莉安娜」（Juliana）等。

「款冬」（**Tussilago**）

　　款冬花的造型在裝飾圖案上非常少見，花朵的樣子有點類似蒲公英，顏色更為金黃，花莖有不平整的刺脊，款冬花一般在初春大雪褪去便會綻放，是代表大地回春的象徵花朵，一般長於路邊和堤壩上，是一種非常不顯眼的野花，一般人通常不會想將野花野草成為裝飾圖案的一部分，首次使用的設計師為Gustavsberg的設計大師威廉·闊格（Wilhelm Kåge）在1930年設計出金黃色花朵土黃色花莖的款冬圖案，時隔38年，瑪格列大再次挑戰這個裝飾主題，她採淡黃色花朵綠色花莖，總計九朵款冬花環杯身一圈，再以一綠線連接花底，象徵綠地上盛放的款冬。雖然事後她承認對整個圖案設計並不是非常滿意，但出乎意外的消費者對這朵不起眼的小花卻非常讚賞。

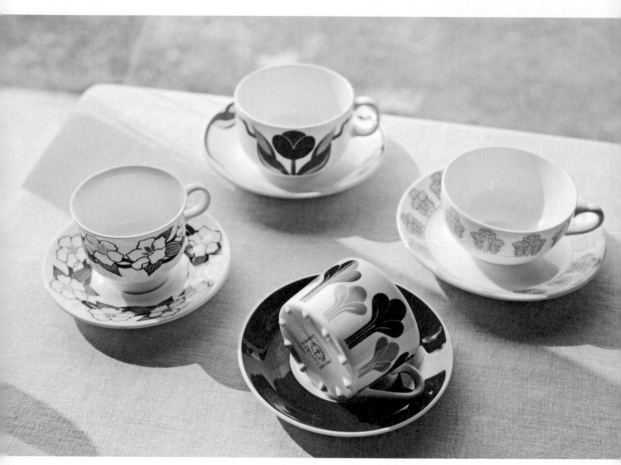

馬格列大的幾款花主題系列，由左至
右依序為「茉莉」、「愛的故事」（後）、
「番紅花」（前）及「款冬」。

「薔薇」、「六月花」

　　薔薇和六月花兩個系列，在器皿的底部可以看到Magaretar Hennix 和
Calle B兩個簽名，這是瑪格列大和Gustavsberg瓷器廠另一位男設計師——卡
雷·布羅姆奎斯特（Calle Blomqvist）所共同合作設計，或許混合了另一位設
計師的風格，這兩個系列和瑪格列大一貫強烈的色彩學有點落差，卻也展現出
她設計中另一種柔弱纖細風情。

　　這兩個系列均採類似彩色鉛筆畫的技法，將兩款不同的花柔和地交織在一
起，所採的花均是常見於鄉間路邊的野花，如：「薔薇」系列中的Törnrosa，
是一種常見於瑞典路邊或公園薔薇品種，五重瓣黃色花蕊，花莖與枝葉多小
刺，香氣卻濃郁迷人；而「六月花」則選擇清麗的藍矢車草和黃色毛茛，這是
瑪格列大設計作品中少見與真實事物相似度極高的作品，瑪格列大一般作品
會將真實事物轉化成較為抽象的符號，如她著名設計作品「愛的故事」、「番紅
花」、「朱莉安娜」中的鬱金香、番紅花圖案，都與具象形象相似度不高，而是
一種瑪格列大獨特性的「花符號」。

由左至右，款冬花、瑞典薔薇品
種「Törnrosa」、藍色矢車草。

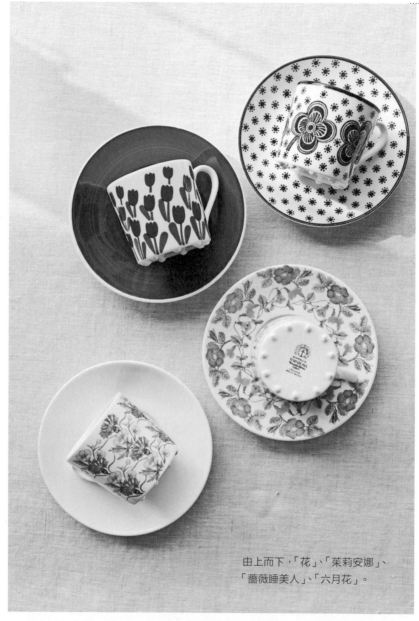

由上而下，「花」、「茉莉安娜」、
「薔薇睡美人」、「六月花」。

103

POSTSCRIPT

一

和 Margareta Hennix 的相遇

中晚年的瑪格列大，一頭橘紅色卷髮、
桃紅色唇膏、鮮紅色指甲油，沒人可
忽視她的存在。
照片提供｜ M. Hennix

　　在尋找故事的過程中，有著遍尋資料、翻譯語言及如何寫出一個好故事的辛苦，但在探索前人足跡的同時，卻也豐富自己各類知識，更或者遇見這輩子對你最有意義的人。

　　記得在編排十二個月器物老故事時，四月的代表器一直遲遲無法下定決心，北歐從三月底到四月，萬物復甦草木齊放，初春的花卉悄悄地從尚未融化的冰雪、腐敗堆疊的落葉堆裡探出頭來，從款冬（Tussilago）、番紅花（Krokus）、鬱金香（Tulpan）一路開到滿山遍野的銀蓮花（Anemon），以這些花卉為名的食器很多但可以成篇的資料卻很少，正當我苦惱不已時，古董店的朋友便說要不要乾脆將四月成為瑪格列大‧海尼克斯（Margareta Hennix）的專屬月份，她既是瑞典食器設計中產出最多花卉圖案的設計師，也恰巧是我最喜愛的女設計師之一，我可以藉此介紹她大部分的作品。在尋找瑪格列大的生平時，發現70多歲的她依然健在，並且還為擁有百年歷史的林雪平教堂做過地板修復的裝飾設計，也因此我居住當地的 Östergötland 博物館幫瑪格列大出版過一本類似自傳的設計作品集

Margareta Hennix Formgivare och konstnär，書中詳實記錄瑪格列大從小到近期的種種事蹟和所有設計作品，一頁一頁翻著書裡的資訊和照片，裡頭的許多老照片都是過去未曾曝光的珍貴紀錄，讀者可以看到17歲、30歲到70多歲的瑪格列大。

看著這本自傳，我的心裡也開始固執地希望自己的器物老故事能更加圖文並茂，接著實際走訪 Östergötland 博物館詢問是否可以授權當中的幾張老照片版權，館方人員說明照片為瑪格列大‧海尼克女士所提供，博物館並沒有照片的版權，熱心的他們卻給了我始終無法找到的瑪格列大女士聯繫方式。

首先，我非常土法煉鋼地用瑞典語寫了封正式的信函寄給瑪格列大女士，附上我的聯繫方式及我瑞典朋友的聯繫方式，大約等了兩天，如今英語已不是很熟稔的她回電給我的瑞典朋友，說明她非常樂意讓亞洲地區的朋友認識她的作品，也直接打電話給我，問我有沒有收到消息。那頭七十多歲的她，依然是個充滿幹勁活力十足的老太太，她緊接著去電博物館多次交代他們給我最好的相片數位檔，讓我們可以呈現出最美最好的相片效果，不需要我們編輯群再去翻拍，透過幾次來來回回的電子郵件往返，博物館出版部幫忙的朋友——Jim 也仔細地交代如何交代照片版權歸屬，及如何避免不必要的版權爭議。這些幫助都是在我做這件事前未曾想過的。

末了，瑪格列大女士沒要求任何版權費用，只希望書完成後，寄一本讓她也看看。在至今少數幾位還建在的 50-70 年代設計師中，竟然還有這樣的機緣，讓我得以遇見自己心心念念傾慕不已的設計師本人，真是在幾經多次碰壁的我最美好的回報。

特別補記這段際遇，幸運的我能遇見這樣一位美麗又充滿才華的女子，衷心希望大家也能認識她。

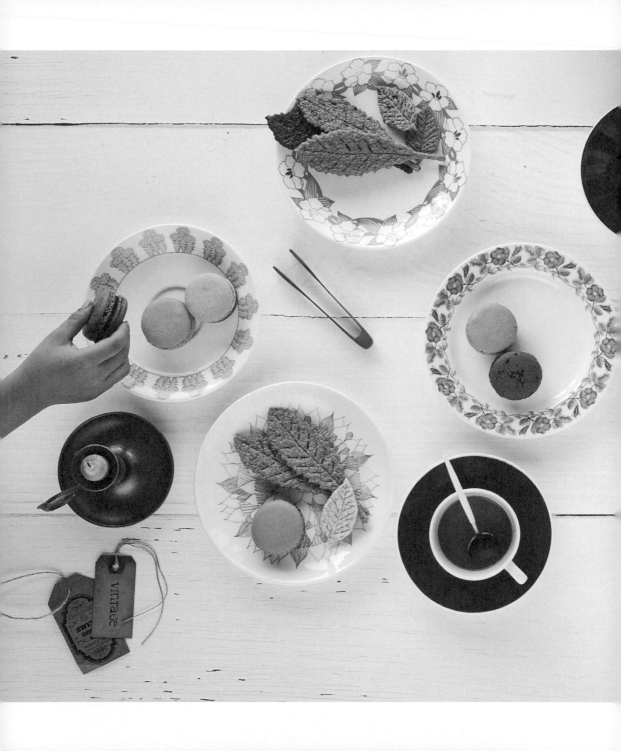

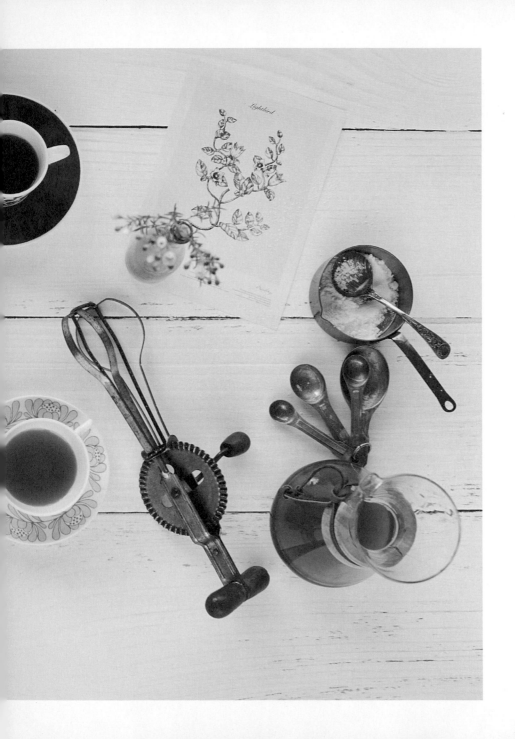

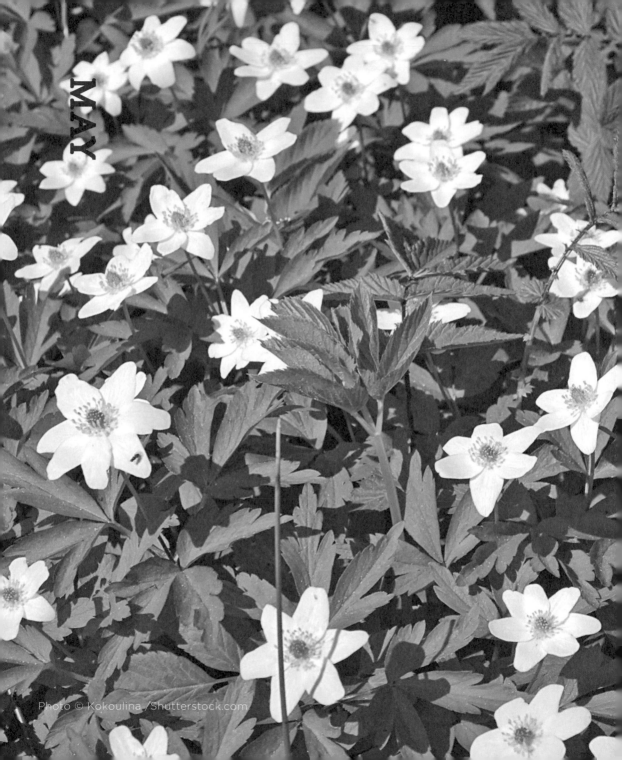

MAY

PYNTA

突破時代的前衛設計

Vitsippa，又稱爲銀蓮花，盛開在初春後四五月，走在瑞典任何一處森林裡或路邊，隨處可見這滿山遍野的可愛小白花。將簡單、隨處可見的小東西幻化成千變萬化的設計，也是瑞典設計界非常前衛的一個風格。花卉、茶皿、水果、花環、酒瓶、餐具、胡椒研磨器到小魚，像五月銀蓮花般吹動森林裡的春風，也吹起了瑞典設計裡的符號學。六〇年代開始，斯蒂格·林德貝里（Stig Lindberg）的設計生涯有了很不一樣的變化，1957年開始，他回到他曾經求學過的斯德哥爾摩國立藝術與設計學院任教，教學生涯帶給他很不一樣的創作刺激與樂趣，同時期他的創作開始延伸到政府的公共工程，除了固定的教書時間，多數時候他得奔走在瑞典各地。這段時間他雖從Gustavsberg瓷器廠創意總監的位置上暫時退下來，但他新的創作依然持續在Gustavsberg瓷器廠生產，只是無法像往日那樣大量，教書和投入政府工作佔據他大部分的時間，迫使他不得不減少他的設計工作。

斯蒂格·林德貝里，50-70年代最具影響力的工業設計師，瑞典設計教父。照片來源｜Nationalmuseum/mynewsdesk.com（CC授權）

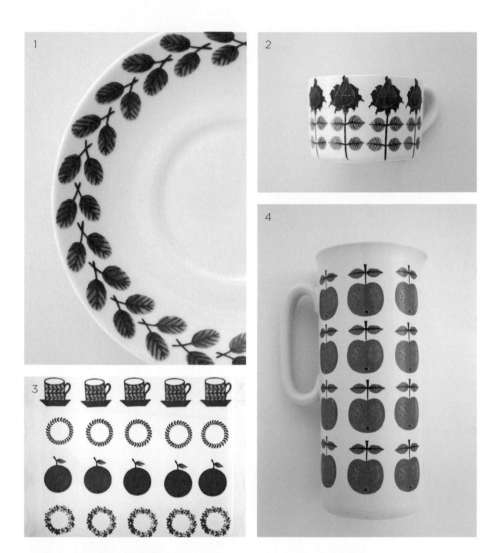

1.「花綵」上的葉脈。2.「裝飾」上的玫瑰花與莖葉。3.「裝飾」上的小圖案。4.「蘋果」。

斯蒂格作品圖案的關聯性

　　但在這樣有限的時間裡，他依然想出一個最省時且前衛的設計理念來支撐他不斷的創作。1962年斯蒂格・林德貝里同時推出四個作品，「裝飾」（Pynta）、「李子」（Prunus）、「花綵」（Festong）和「奧蘭」（Åland）。除了「奧蘭」外，這三個系列加上1963年的「蘋果」（Pall）系列，實則由幾個類似的符號，單一或混合組合而成，如：「花綵」上的一圈淺綠小葉脈，其實取自「裝飾」的玫瑰花上的莖葉，但「花綵」圖案卻也同樣出現在「裝飾」的方皿上；「李子」上的藍色李子圖案則與「裝飾」上的蘋果和藍色、紅色李子類似；1963年稍後推出「蘋果」系列，其圖案同樣取自「裝飾」上的蘋果圖案。這幾個系列你可以閱讀到斯蒂格想像力的流動，藉由幾個不同的符號，進行不同層度的混搭，重新創造出另一種新圖案，更變身成另一種風格。

　　除了可以看到這些系列間的相互關係，「裝飾」系列更是由很多不同的符號隨機混搭而成，你可以看到圓滾滾的魚、藍色胡椒研磨器、黃綠色的長號、船瓶、湯匙、叉子、酒瓶、檸檬、蒔蘿、甜菜根和花圈等，甚至可以看到斯蒂格1959年最經典作品「亞當」也出現在「裝飾」的桶皿上。

　　圖案間的關聯巧思，同樣可以在這幾個不同系列的底部標記發現，如：「裝

111

飾」的標記由一圈深綠一圈淺綠的葉脈花圈所組成，「蘋果」的標記是一顆不完整的蘋果，「李子」則以一顆藍李代表，標記圖案均可在該系列中找到相應的符號。另外，大家還可從器物外形做一點小觀察，「裝飾」的砧板是不是就像符號圖案裡的小酒瓶呢？這幾個系列徹底展現了斯蒂格的符號美學和捉迷藏般的設計童趣。

這樣插畫形式的圖案，讓人聯想到六〇年代報紙上的廣告或某家小餐館的菜單，這樣過時而有趣的設計，起源於當時英國倫敦蘇活區的流行文化，在斯蒂格之前沒有人敢做這樣的嘗試，但消費者並不接受這樣前衛的實驗設計，儘管1963再度推出相關系列「蘋果」，但銷售量卻一直未有起色，「蘋果」系列僅生產一年，而「裝飾」系列也僅僅撐了三年便不得不停產。

相較之下，「花綵」的圖案由斯蒂格最著名經典「涼亭」蛻變而來，當時被戲稱為「小涼亭」（Lilla Berså），是當時器皿設計中最早出現的幾款綠釉圖案之一，其銷售持續九年之久，從1962年開始到1971年停產。「李子」則是當時同時推出四個相關系列中最被當時市場所接受的系列，足足暢銷了12年，成為斯蒂格繼「涼亭」後另一個經典代表。

裝飾系列中隨機混搭的各種符號，讓人聯想到六
〇年代的廣告傳單或某家餐館的菜單，徹底展現
斯蒂格的符號美學和抓迷藏般的設計童趣。

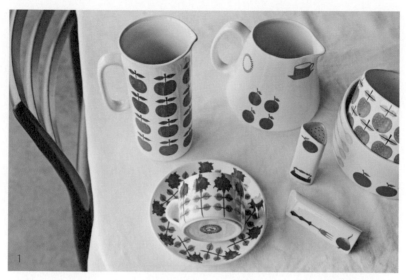

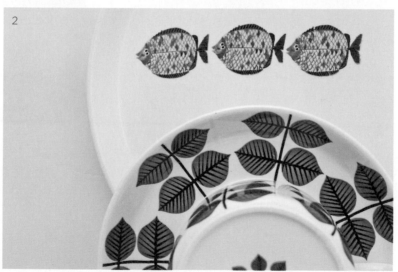

彩色網點印刷技術的突破

　　1960年的「涼亭」系列發表，是Gustavsberg瓷器廠在器皿裝飾圖案技術上的大突破，在這之前的技術僅限手繪上色，或者單色單版印刷出轉印紙，再用人工將圖案輕拓轉印到器皿上，此兩種技法，一則手繪太多顏色會耗費更多人力，一則印刷技術無法在同一銅板套用太多顏色。在經過多年研發後，Gustavsberg瓷器廠開始嘗試將「網點印刷」（kromotryck）技術運用到轉印貼花紙上，「涼亭」則是這項實驗的其中一個作品，「涼亭」的綠色葉子上有著脈絡分明的黑色葉脈，鮮豔的綠黑兩色突破以往染料無法太過鮮豔的困境，也同時創造出單次套用多色印刷技術。

　　隨後，1962年的「裝飾」則是在「涼亭」技術上的更精進，餐瓷裝飾圖案終於可以跳脫以往只有單色或雙色變化，進化成更豐富的多彩，也可以呈現更細膩的圖案。若仔細數「裝飾」上的顏色種類，至少可數出10種不同深淺顏色組合，如圖案上的「魚」更在魚鱗部分包含五種不同顏色，其細膩度是前所未見。

1. 裝飾和蘋果雖為兩系列，實則類似符號的變化而已。2. 圖下的「涼亭」系列是Gustavsberg瓷器廠嘗試網點印刷初期的作品，「裝飾」系列的網點印刷技術則更精進，精細到如小魚魚鱗已成功套上五種以上顏色。

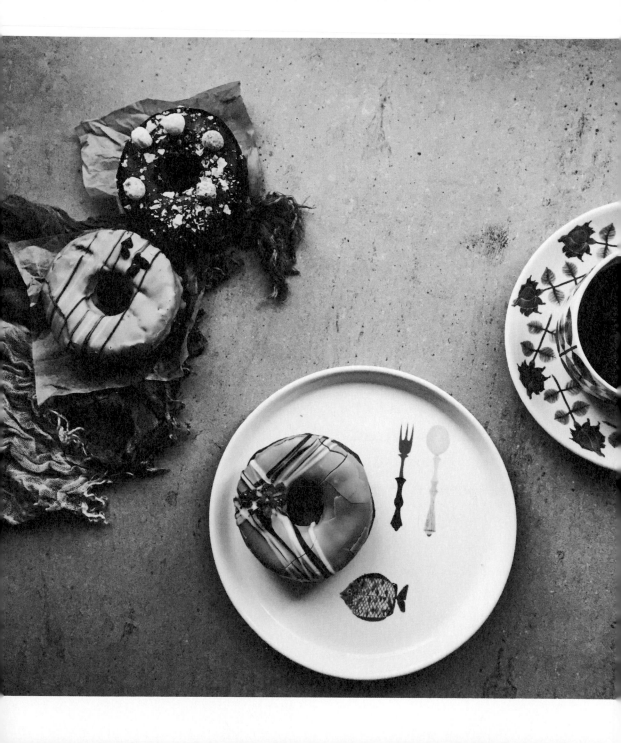

　　而這樣的技術也一直被Gustavsberg瓷器廠使用至今，其生產流程大約是先將素胚原料進行第一次素燒，接著上釉進行第二次釉燒，在釉燒過的半成品上讓工人將印刷出來的圖案紙，裁切成合適大小，轉印在器皿上，接著再一次上透明釉，送進窯內進行第三次燒製，一般成品多到這個階段便完成了。但若器皿顏色有金邊或需要非常精細的圖案，則會再進行最後一次加固顏色的低溫燒製。

六〇年代不成功系列，二十一世紀最貴的收藏品

　　在如今二十一世紀的瑞典舊貨市場裡，六〇年代被消費者所嫌棄的「裝飾」和「蘋果」兩系列，如今已鹹魚大翻身，成為復古界最流行也最昂貴的收藏品，一來數量上的稀少，加上日本收藏家對這兩個系列的著迷，一個「裝飾」系列的玫瑰花圖案茶杯，至少2400克朗（約9000台幣）的高價，而「蘋果」系列的一個長盤也得2000克朗（約7500台幣）起跳，點心盤和餐盤更是一器難求。這兩系列代表了北歐食器收藏界裡的最高等級，也是屬於有錢也不一定買得到的夢幻逸品。

ADDITIONAL
INFORMATION

┗━┓

秋風瑟瑟裡的「李子」

　　「李子」是斯蒂格繼「涼亭」後另一個最熱門的設計，足足長銷了12年，2009年
Gustavsberg瓷器廠經典重現系列便挑選「李子」圖樣再度開模重新生產，至今不管新舊
品一直是消費者心中熱愛的商品，白釉色襯著一顆顆圓滾滾藍靛靛的李子，蒂頭還來不及
摘下掛著兩片小綠葉，新鮮豐腴的模樣將果肉裡酸甜滋味一下子全繃開。

　　市場消費者對於「李子」的評價多數指用它裝盛食物，彷彿食物都沾染新鮮的氣息，或者
多了李子那種酸酸甜甜的好滋味。瑞典的李子熟透後偏藍紫，就和斯蒂格筆下的「李子」一
模一樣，很多瑞典家庭都會在自家門口種上一株李子樹，成熟季節約在八月中旬前後，滿
枝枒結實纍纍，連空氣都透著那股酸甜。

　　斯蒂格設計出「李子」那年同時推出了「裝飾」和「花綵」，同時也推出類似符號圖樣的織
布Tallybo，同樣以似蘋果又像李子圖案當作織布圖案，白底綠果，非常清新討喜，在當
時，這款織布銷售成績也非常好。

　　有趣的是設計多產的斯蒂格，在這些設計上市前不久也生下他第三個孩子，是他最小的
兒子拉許‧杜耶候門‧林德貝里（Lars Dueholm-Lindberg），目前拉許也是一名設計
師，對於推廣及紀錄斯蒂格‧林德貝里的設計不遺餘力。

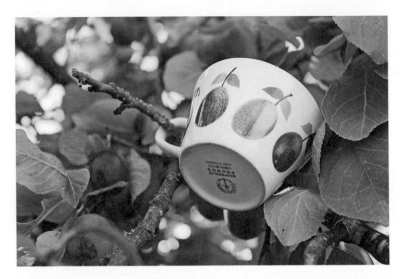

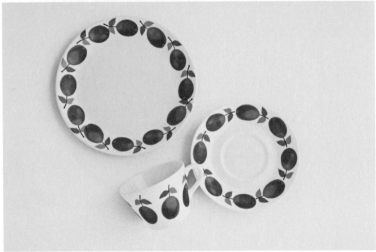

當斯蒂格的「李子」遇上瑞典秋天結實纍纍的李子。

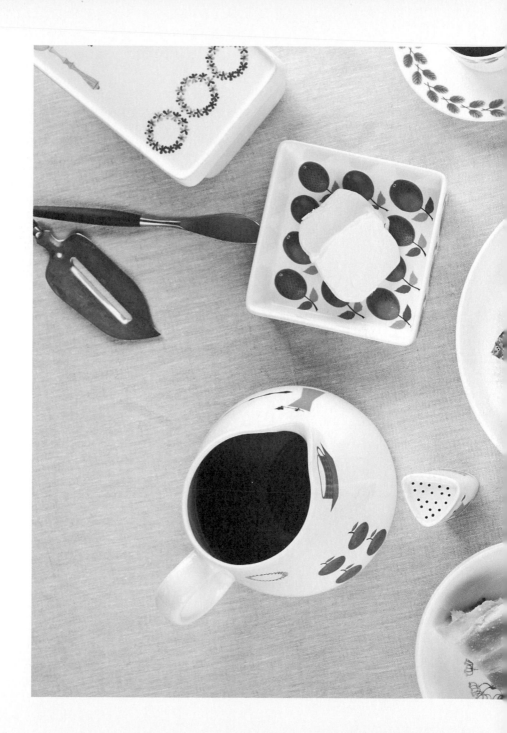

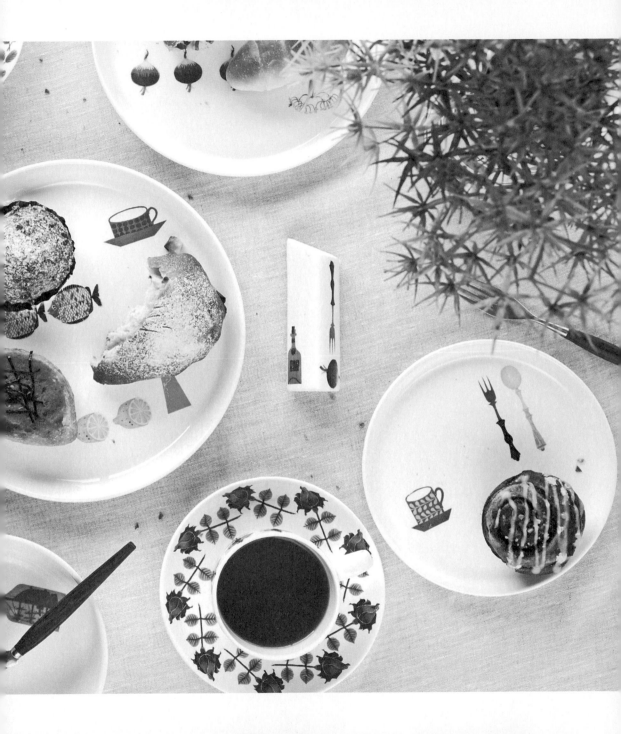

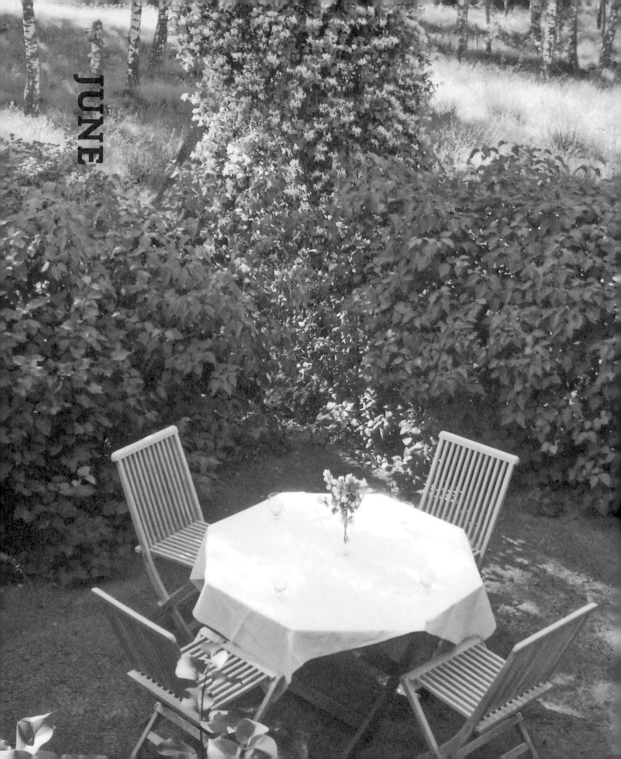

JUNE

BERSÅ

一份永遠流傳的璀璨

Berså是瑞典語中「涼亭」之意，但你若具體輸入這單字會看到非常具象的照片，在植滿鬱鬱蔥蔥草木的小空間裡，小徑深處別有洞天，有著一張簡單的戶外桌搭上幾張清爽帶點復古味道的鐵椅，綠蔭、涼爽，陽光穿透草木縫隙灑落身上，耳邊不時有著蟲鳴鳥叫幽鳴，一個只屬於自己與最親愛人的私密之境，享受著瑞典人特有的Mysig好時光（Mysig意指溫馨）。

我端起一杯芳香的紅茶，搭配著自己手作的小點心，孩子在你身旁玩著抓迷藏，三不五時奔跑過來親暱地呼喊著你，討來你手中那最後一口甜食，手中有著茶的溫度，心裡卻有著家的溫度。

白底淨瓷襯上著有著黑色葉脈極為鮮嫩的小綠葉，成雙成對的垂直向上蔓延，到了冬日留戀著盛夏的記憶，擺上餐桌，燈光灑落，和白瓷上的綠葉相映成趣，彷彿回到春天那縷幼嫩的春光，縱使有著近四個月漫長的嚴冬大雪，依然有著春天的希望。「Berså」在出廠前，設計師們的想望便是希望藉由這套餐具讓大家留在廚房的時間更久，家人的情感得以在餐桌上慢慢延展。

這便是斯蒂格・林德貝里（Stig Lindberg）餐桌上的璀璨永恆——「涼亭」（Berså）。

食器界裡璀璨鑽石背後的故事

　　若大家剛入門瑞典瓷器，第一個需要認識的一定是瑞典瓷器教父斯蒂格‧林德貝里，1916年出生於瑞典北邊的于默奧（Umeå），1935-37年，先後求學於斯德哥爾摩國立藝術與設計學院及皇家理工學院（Kungliga Tekniska hogskolan），之後三年他便開始進入瑞典瓷器大廠Gustavsberg，師從威廉‧卡格（Wilhelm Kåge），嘗試設計一系列具裝飾藝術風格的陶藝作品，1941年斯蒂格的陶器作品初試啼聲，並開始往後四十年璀璨創作的一生。瑞典50-70年代斯蒂格是當時最獨領風騷的工業設計師，更帶領當時瑞典設計界走出一條屬於自己道路，為二戰後斯堪地納維亞現代主義設計的指標性人物。他的設計作品範圍涵蓋很廣，從陶瓷藝術、玻璃製品、餐具、家用小擺飾、裝置藝術品、家具、電器到童書、撲克牌等，是當時瑞典創造產量最豐也最Top的設計師，更是當時瑞典瓷器大廠Gustavsberg的創意總監，挖掘並提拔目前瑞典國寶陶藝家麗莎‧拉森（Lisa Larson），在他不短不長的六十餘年歲月裡，最光輝的日子他都獻給了Gustavsberg瓷器廠。

斯蒂格・林德貝里在 Gustavsberg 瓷器廠工作照，手上所持為1953年設計的口袋型花瓶「Pungo」系列。

照片來源｜Nationalmuseum/mynewsdesk.com（CC 授權）

125

在產量如此豐富的設計生涯中，根據瑞典知名《復古》雜誌統計結果，最受收藏家喜愛與最受歡迎圖案第一名即以「涼亭」拔得頭籌，此項圖案正式量產於1960-1974年間，而2005年，Gustavsberg又將老圖案重新開模製造，生產所謂復刻板，銷售一如既往地暢銷，可謂五十年來斯蒂格及Gustavsberg指標性的設計，更是瑞典設計中最經典的標誌。

　　話說如此，但「涼亭」背後仍深藏了一些不為人知的小祕密，「涼亭」草圖原型其實並非斯蒂格原創，而是他當時設計工坊裡一位助手克里斯特‧卡爾馬克（Krister Karlmark）所描繪，這位助手後來成為國立藝術與設計學院的教授。斯蒂格在看完克里斯特描繪的原型後，決定將此款圖案應用在他當時設計的LL系列模型上，並命名「涼亭」。

　　「涼亭」綠葉圖案是當時繁花錦簇設計中一抹不起眼的襯葉，設計發想初期沒有人可以想見這抹小清新是否為世人所接受，甚至斯蒂格一開始也不看好這個改革的創新，只是想當領頭羊總需要莫大的勇氣去嘗試，1959年正式設計原型出現，挑選出LL系列模型中四種最實用的器皿類型：餐盤、小盤、碗和深盤，將此圖案描繪其上，並選用當時已開發灰色及藍色天然染料石作為彩繪葉子的顏色，預定以灰色或調和的藍灰色作為葉子底色，並進行量產，斯蒂格

「涼亭」系列除了餐盤、杯皿外，
還發展出非常多不同類型的器
皿，如：調料罐、糖罐和油醋
罐，如今的油醋罐變成清酒瓶，
蛋杯用作清酒杯，也是另一種老
物新用的情致。

更在宣傳時號稱此項設計是前所未見「形與器」最完美的組合。五十餘年後世人給予「涼亭」的評價則是——在繁盛與緊密間，在不必要與必要間，在普世與藝術間。

　　但本該推出的年度商品，卻延至隔年1960年才正式上市，當年的餐具市場如同今日一般款式種類多到讓人目不暇給，許多優雅的圖案更是完全打中主婦尖叫連連的少女心，加上國內外便宜餐具的市場夾擊，讓斯蒂格和Gustavsberg瓷器廠陷入上市與否的長考，他們共同的想法是「涼亭」系列必須是一個讓人想更長時間停留在廚房與餐桌的餐具，一份聯繫家庭情感重要的媒介，更重要的是摒棄以往當新圖案上市便丟掉舊餐具習慣，開創出可以被世人記住餐具名字，世世代代永流傳的新時代。

　　1960年，斯蒂格的手作工坊Bohus內響起驚天動地的歡呼，葉子的顏色由灰藍色變成明亮的鮮綠色，原創設計做出了重大釉色改變，這份小鮮綠不僅振奮廠內上市前的勇氣，更是春天裡一股洋溢的春風，吹進了無數人的心底。

在繁盛與緊密間，在必要與不必要間，在普世與藝術間。涼亭就像灑落人間一抹春光，摻雜了人的味道，家的味道，世人從此記住了「涼亭」這名字。

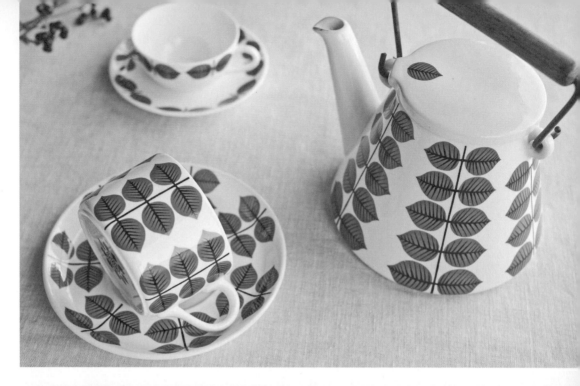

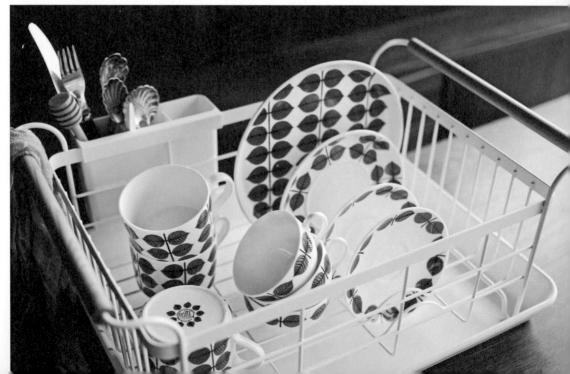

ADDITIONAL
INFORMATION

└─┘

當天然染料遇上現代發明洗碗機……

　　當家庭主婦歡天喜地搶購到「涼亭」，卻在放入洗碗機一陣子後，餐具與主婦的臉龐都出現蒼白的臉孔，由於斯蒂格的手作工坊Bohus採用的釉色原料為天然礦石染料，當天然染料遇上洗滌效果強烈的化學劑及高溫殺菌沖洗的洗碗機，這一切化學變化都讓「涼亭」的綠葉終究走向死亡的灰白，也讓這群歡愉消費主婦們開始泛起自己被欺騙的心，哭著拿著泛白的「涼亭」餐具直奔銷售的店家提出嚴正的控訴抗議。

　　一向使用天然原石染料的Gustavsberg瓷器廠，從沒預想過新時代家家戶戶安裝的洗碗機會成為他們美麗餐具的殺手，只是身為瑞典最大龍頭品牌的Gustavsberg瓷器廠也絕非是泛泛之輩，經歷如此殘酷的退貨風暴，Gustavsberg瓷器廠在極短時間內研發出另一種材質，使得器皿不容易在洗碗機高溫強力刷洗下掉色，這一批重新生產的「涼亭」底部被放上新的品質保證標誌：VDN F555 Flintgods。

　　VDN F555標記，每個字母各自隱藏不同意涵。

　　VDN標誌是1951-1972年間由政府及民間企業共同支持發展的一種品質保證標記（有點類似台灣食品中CAS標誌）有品質保證的瓷器從1960年開始便會打印上VDN標誌，然1973年新的消費者保護機關成立後，VDN這個標誌也就漸漸停止使用了。

　　F表示這批瓷器製造使用的材質為Flintgods，採用一種混入火石混燒的石料，讓硬度更為堅硬。

　　555表示：第一不易釉裂，第二可以接受高阻力沖洗，第三可以接受到75度高溫的洗滌，三大保證。

　　另外，值得一提「涼亭」兩件收藏迷該注意的事，第一，「涼亭」系列是當時最先創新用印刷上色的先鋒，擺脫以往必須一個一個手繪上釉的麻煩，再者「涼亭」系列商品中，有個特殊款小圓咖啡杯，只有獨獨這款商品單獨使用了沒有孔隙、材料更好的骨瓷製造。

底標記有BOHUS，意味為第一代最早出產使用原石染料的「Berså」，生產年代於1959-63年間。

底部標記有VDN F555，意味為改良版並帶品質保證的「Berså」，生產年代約在1960-1974年間。

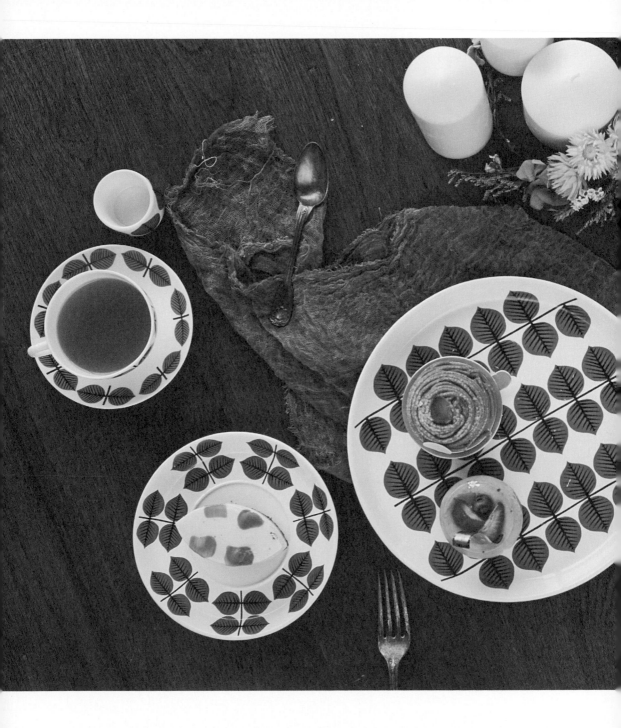

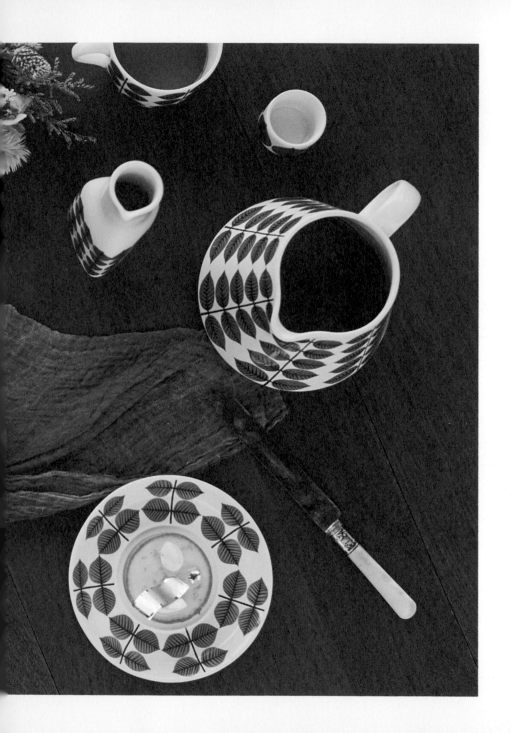

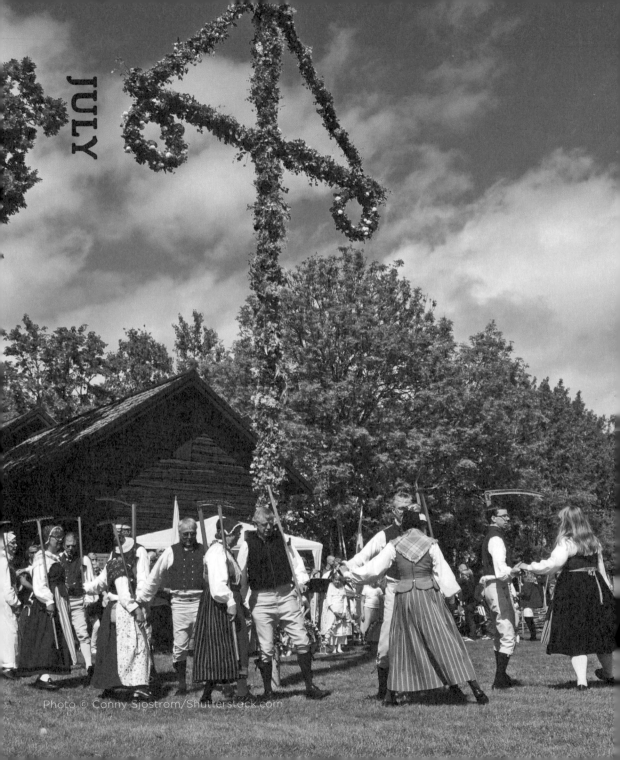

JULY

MON AMIE

觸動心弦的好朋友

　　仲夏的夜裡，日不落蛋殼青的天光下，灌木叢上朵朵的小白花，嬌嫩花瓣與花瓣間伸出精靈般的小觸鬚，清風徐徐，搖曳生姿，綻放著屬於自己獨特的藍白色幽光。Skvattram，杜香，一種常見於瑞典灌木叢上不起眼的小白花，若你從路旁走過，總是那樣輕易便將這惹人憐的小白花，悄悄略過，不消幾日陽光直射，小白花便熱得枯黃落了地，與黃土、落葉、野草雜混交錯覆蓋，不會有人記得它何時出現，又何時墜落？

Photo © ChWeiss/Shutterstock.com

135

好朋友之間的情誼就如同「杜香」一般不張揚，你不用特意去說起，只是輕輕地惦記在心上，縱使久未聯繫，一通電話、一紙信籤卻又剎那回到那日離別般的親暱。

一個沒有花語的「杜香」，甚少人記得，也甚少人提起，但「杜香」的印記卻是在瑞典食器史上一道在你我心弦的牽引，化作食器經典──「Mon Amie」（我的朋友）。

萬綠叢中的那一點嫣紅，一個改寫瑞典餐具設計的女孩

巧笑倩兮的瑪麗安內‧韋斯徹曼（Marianne Westman），身著素色毛線上衣，如鄰家女孩般的樸素，習慣拿著一貫上釉的彩筆置身在一落堆疊的Mon Amie餐具後面，手裡握著工具總讓她彷彿倘佯在自己創造的小世界裡，寧靜且安心。她不是那樣令人第一眼便記住她美麗的女子，但在她22歲稚嫩青澀的臉龐有著對自己設計的自信沉著。

1952年，瑞典另一間與Gustavberg陶瓷大廠匹敵的Rörstrand瓷器廠，廠內正屏息等待執行長弗雷德里克‧威特傑（Fredrik Wehtje）公布最新上市食器的最後定名，瑪麗安內‧韋斯徹曼正是這一系列食器的設計師，她已經籌備這

系列大小不同形狀食器將近兩年的時間，此刻的瑪麗安內已從斯德哥爾摩國立
藝術與設計學院畢業兩年，兩年前當她還在設計學院就讀時，便被Rörstrand
執行長弗雷德里克相中並網羅進該公司，身為一個大家都寄予厚望的天才型設
計師，瑪麗安內當時並不是那樣想成為一個只是設計餐具的設計師，那時也沒
有人會想到這樣一個小女生將改寫瑞典餐具設計史的扉頁，並成為瑞典瓷器之
母，與設計教父斯蒂格‧林德貝里齊名。

弗雷德里克在命名美學及市場銷售雙重考量下，為這套系列餐具起名法文「Mon Amie」，便是「我的朋友」之意，期待這款「我的朋友」成為「你的，我的，大家餐桌上的好朋友」。兼具法式浪漫命名，及童趣的圖案，瑪麗安內一戰成名，並奠定她在Rörstrand瓷器廠三十多年不可撼動的設計地位。面對似花又似蝴蝶圖案的「我的朋友」，消費者第一眼印象不盡相同，但一朵朵印在白瓷上的湛藍，卻長期打動使用者共鳴的心弦，1952-1987之間，35年歷久不衰，甚至在2008年瑪麗安內80歲壽辰那年重新起模，設計新器形，再度重新生產。

　　「我的朋友」，是瑪麗安內在國立藝術與設計學院就讀時的作品，一開始她將五瓣白色杜香變身俏皮可愛，夾帶四根小觸鬚的四葉花瓣圖案，彷彿仲夏夜裡熱情奔放的小精靈，在進入Rörstrand瓷器廠之後兩年期間，她與她的工作伙伴陸續設計多款與之匹配的餐具器型，第一個帶竹柄，敦厚中蘊含秀氣的茶壺，是由瑪麗安內親自繪圖設計；杯子部分則由庫納爾‧尼倫德（Gunnar Nylund）負責，分別以矮胖圓敦與高瘦窈窕兩款優雅外型，區分大小不同成為四種器型，用鈷藍彩繪，藍白雜陳，最後施以肥潤釉水。銷售當時便獲得瑞典境外國家給予「最精緻餐具」的美譽，之後更有四十多款不同器形，如：奶罐、蛋杯、糖罐、鍋、水壺等陸陸續續熱銷上市。

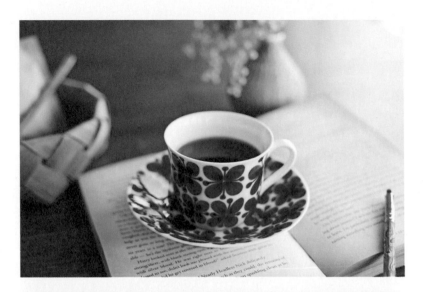

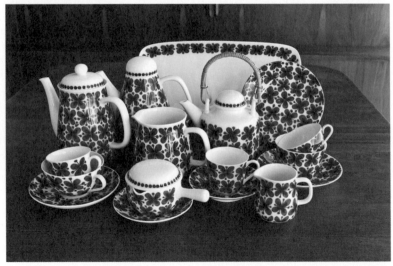

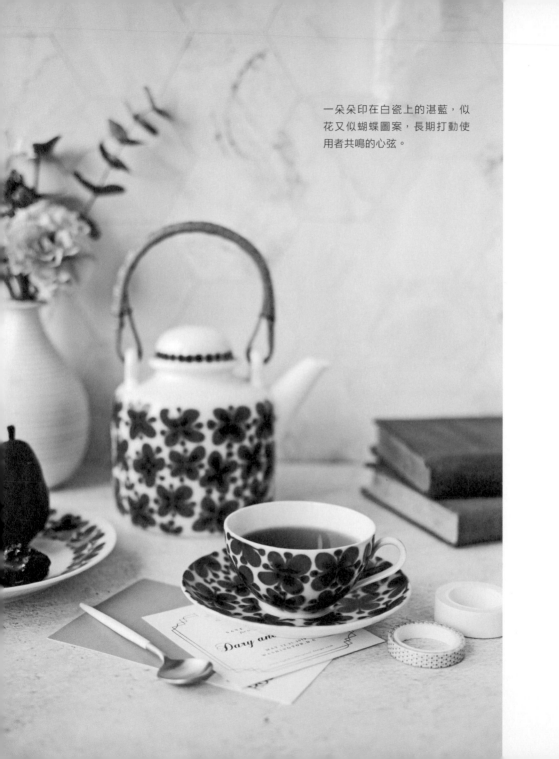

一朵朵印在白瓷上的湛藍，似花又似蝴蝶圖案，長期打動使用者共鳴的心弦。

　　將白色的杜香，最後以藍色翩翩之姿烙印在潔淨的白瓷上定案，此事一直為世人所不能理解，多年後記者電訪85歲高齡的瑪麗安內詢問這個多年來大家的疑問，瑪麗安內只是一貫自信地回答「藍色是我最喜愛的顏色」，且五〇年代藍色鈷釉正值興起，理所當然大膽嘗試一番，事實證明瑪麗安內的藍色小花戰鬥，在激戰的五〇年代餐具設計，殺出一條屬於自己的道路。也或許，在這位堅毅女子的內心世界，本該她創造時尚流行，沒有任何固守窠臼跟隨別人腳步的道理。

　　世人對於在男性領軍的瑞典工業設計界有這樣一位突出的奇女子，都略顯好奇。

　　一般人對於別人的成功總容易給予「幸運」或「時機對了」的評價，對於天才型的女性選手，這類評價的聲音更如同耳邊輕聲的碎語擴散開來，五〇至七〇年代的瑞典，對於女性工作者並不像今日這般友善，多數女性仍是家庭主婦，擔負著養育孩子和家庭日常照顧者的工作，面對一向男性領軍掛帥的瑞典設計界，女性設計師的工作內容多屬於配角或輔助的角色。瑪麗安內從不承認自己是幸運的。

　　她說：「我的成功不至於落得銷售上的慘敗，我想這不能歸咎於我的幸運，而是我有著熟練的技巧，加上能準確判斷市場風向與顧客的喜好。我身邊有許多男性設計師同事，他們會在他們研發的產品上做二十次以上的修改。」接著她補充說道：「但我想事實勝於雄辯，我的獨特之處便是在於我就是我，我最多只做三次修正。」

　　從這段雜誌訪談中不難讀出瑪麗安內的絕對自信及市場眼光精準度，和與生俱來的藝術才能，她能在一個以男性為主的設計界異軍突起，創作出無數獨領風騷的餐具，若只用幸運二字概括，也對女性及瑞典設計界太過輕蔑。

是誰成就了誰？瑪麗安內‧韋斯徹曼與斯蒂格‧林德貝里兩朵相似的花

　　天才總不會是孤獨的，所以有了孔明鬥周瑜，周公鬥桃花女，而斯蒂格和瑪麗安內則是另一對天才狹路相逢的故事。

　　若說50-60年代瑪麗安內代表了大半Rörstrand瓷器廠的熱門設計，那與之匹敵的Gustavberg瓷器廠絕對是推出斯蒂格。斯蒂格較瑪麗安內年長12歲，在資歷上瑪麗安內絕對是個後輩，在兩家不同陶瓷大廠本該沒有交集的兩個人，卻在1967年斯蒂格推出一款名喚「藍調」（Blues）的熱固性塑料餐具引發暗地裡的波濤洶湧。

　　在瑞典當時運用熱固性塑料製作餐具，斯蒂格稱得上首創，塑料彌補了瓷器易碎的缺點，因此當時Gustavberg瓷器廠將此新技術大量運用在生產兒童餐具，但也在一般餐具上嘗試，「藍調」便是當時的一款。「藍調」在1967年正式量產，已是Rörstrand開始量產「我的朋友」15年後，但一上市大家第一眼印象卻不由自主地聯想到瑪麗安內的招牌藍色小花。

　　至今瑪麗安內已可以不帶慍氣談論這件事，大概斯蒂格也已過世多年，她委婉地提到這位前輩的創作，只是淡然地說：「你也知道斯蒂格，他總有著源源不絕的靈感來源。況且實際上當初『我的朋友』甚至因為這件事銷售量還提高了，『藍調』的上市並沒有佔到什麼便宜。」

　　如今已不見當時檯面下猛烈的煙硝戰火，故人也已歸去多年，只剩黃土一坏，多少恩怨也只是黃耆老人口中不小心說起的故事罷了。

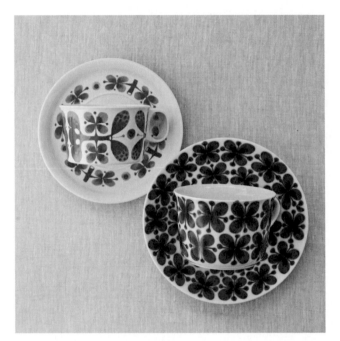

兩朵相似的花,「藍調」和「我的朋友」。

復古經典設計，與瑞典新餐具的協奏曲，新不如舊？

2008年，瑪麗安內已80歲高齡，她所設計的「我的朋友」卻成為北歐老件市場中被爭相收藏的夢幻逸品，Rörstrand市場營銷部門有鑑於此，提出重現經典餐具的提案，而「我的朋友」的藍色小花，便是第一個被重現的經典。

瑪麗安內拿出收藏已久的草圖，由芬蘭Iittala公司的產品開發部經理，同時也是知名陶藝家Örjan Johansson負責設計新產品器型，首次嘗試開發的新器型為直徑18公分的點心盤，及無把手的馬克高杯，瑪麗安內從旁給予應放大高杯上藍色小花的顧問建議。首次的重現經典，雖只上市兩款器型，卻仍獲得熱烈迴響，此成功第一響炮，讓Rörstrand瓷器廠又接續讓廠內另一女性新銳設計師Hanna Werning設計其他五款新器型，在尺寸、花朵大小、多寡上略微調整，讓「我的朋友」舊款和新款間不至於混淆。

對於重現復古風潮設計，在老件市場中其實引發一陣喧嘩的討論，有人鼓勵，認為某些經典圖案根本完全找不到，有人卻認為這只是設計界的老飯新炒，變化不出新款式，只好拐個彎變化的老梗。正反兩面的評價，也讓Rörstrand瓷器廠開誠布公地揭露新舊款製造的不同，說明新舊款的「我的朋友」只是近似，不是真正的相同，期許市場消費者自行選擇屬於自己心中最好的逸品。

與「我的朋友」圖案相似的其他設計款,分別為 Arabia 的「四對舞」
(Katrilli)和 Gustavsberg 的「藍調」、「威爾第」(Verdi)。

新舊款「我的朋友」製造的最大差異在於窯燒溫度、工時及產地，舊款「我的朋友」在胚土器型完成後，放入攝氏1350-1400度高溫的窯內，進行40小時的窯燒，如此表面上的藍色小花才能形成那種「流動般的液態藍」效果，但遵循古法的製造過程實在過於昂貴，因此新款不得不改為7小時1300度的窯燒，工時足足降低近乎6倍；在產地製造上也有不同，一樣為瑞典設計師設計，新款卻改在印尼製造，非在瑞典當地製造。

　儘管製作過程有所不同，但新產品器型的研發，設計師也迎合現代人飲茶的生活習慣作足改變，對此，瑪麗安內顯然非常滿意，並開心地說道：

　「我現在每天早上都用新款的大茶杯喝茶。」

　　「我的朋友」新舊款之爭，究竟是「新不如故」的老飯新炒，還是迎合消費者的重現經典，原設計者瑪麗安內對新設計師仍給予相當的肯定，能讓大家都喜歡並擁有這款「你的，我的，大家的好朋友——Mon Amie」，才是瑪麗安內所最大的期盼。

　　2017年1月15日，瑞典新聞報導了瑪麗安內過世的新聞，享年88歲的她，成為瑞典設計界一個最高指標，當22歲的她搭著火車從鄉下來到利德雪平，踏進Rörstrand瓷器廠那刻前，或許她回首望了望來時路，沒人知道她終將成為一個傳奇，世人稱她為「瑞典瓷器之母」。

MARIANNE'S TABLE

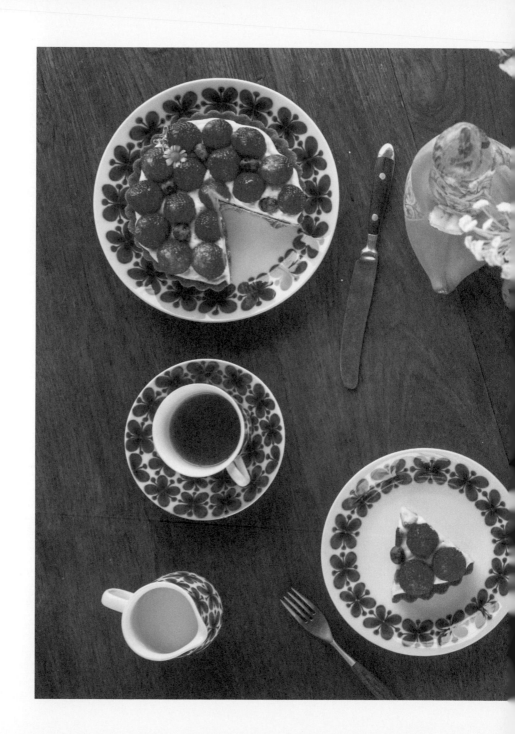

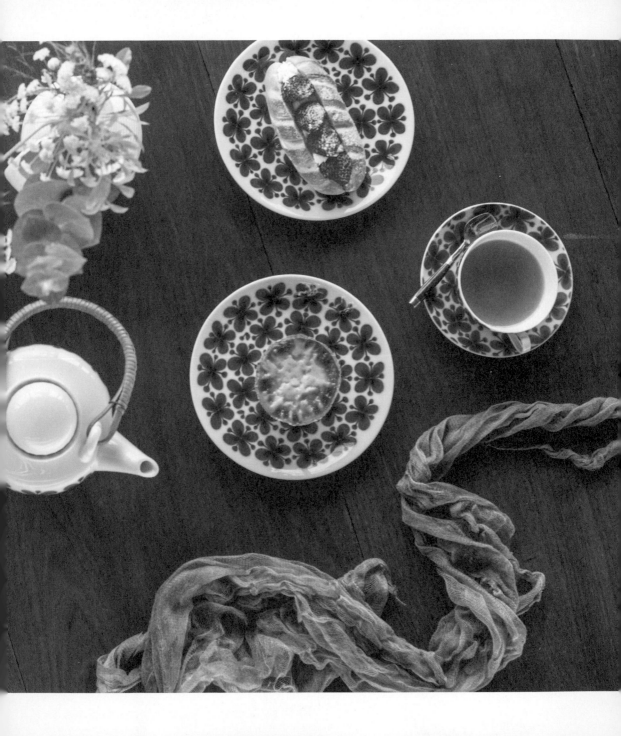

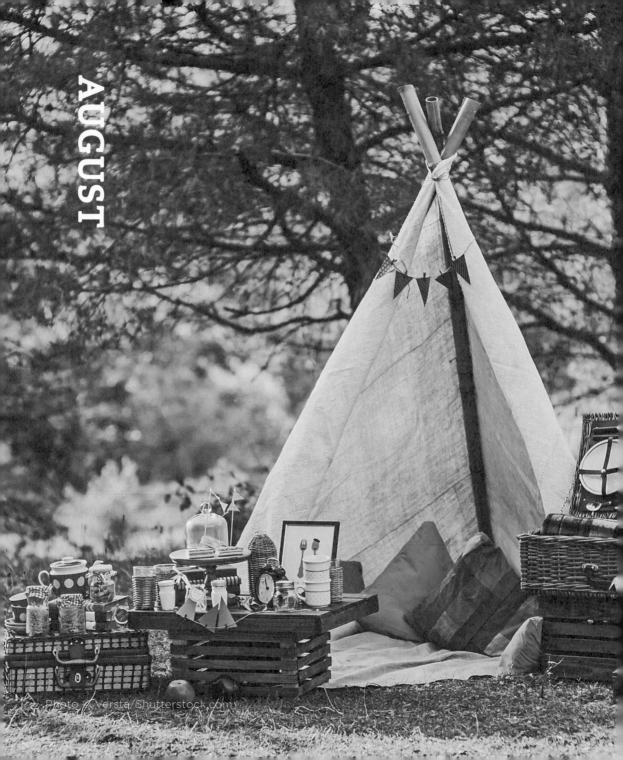

AUGUST

PICKNICK

夏季野餐多重奏

　　六月到八月是北歐最舒服的季節，皚皚的白雪終於遠離，春寒料峭也漸漸平息，攝氏二十多度的氣溫，伸手就像摸得到湛藍天空，曬在身上盡是暖洋洋的陽光，綠草地上舉目望去隨處可見清涼日光浴，野餐墊一鋪，幾個好友便開始喝酒、聊天、吃起點心，公園裡座落著已經清理好的大火爐，旁邊或許還堆疊著上個人留下未用完的柴薪，一群人帶來火種、熱狗、醃好的豬牛羊肉、新鮮蔬果、麵包，手腳俐落地生起火來，不一會兒空氣裡開始瀰漫著柴薪、炭火、燒肉混雜的氣味，三五好友一邊燒烤一邊八卦的調笑聲，孩子們在青草地上追逐歡樂聲，在這個久違的夏季溫暖裡，人們需要一場又一場的野餐（Picknick）來彌補失落已久的陽光。

　　瑪麗安內‧韋斯徹曼（Marianne Westman）童年住在瑞典中北部的法倫（Falun）鄉下，她在這度過了一段非常美好的時光，家庭農場裡她曾看過、觸摸過的一景一物，都成為日後躍然於她彩繪瓷器上的豐富圖案，瑪麗安內對家鄉的喜愛，不僅可從她的種種作品，更可從她退休後依然選擇回到故地直到死去看出端倪。從出生到18歲離家到斯德哥爾摩求學，18年的鄉村生活變成瑪麗安內生命中非常豐富多彩的養分。

說在野餐（Picknick）正式推出之前，印刷圖案配合手工上色新技術開始

　　1950年8月，瑪麗安內在國立藝術與設計學院畢業前夕，便被弗雷德里克·威特傑（Fredrik Wehtje）相中並網羅進Rörstrand瓷器廠，那年她22歲。當時的Rörstrand瓷器廠已網羅幾位非常具創造力的設計師，如：卡爾·哈里·斯托瀚（Carl-Harry Stålhane）、庫納爾·尼倫德（Gunnar Nylund）、赫薩·班特松（Hertha Bengtson）、皮爾格·凱皮安能（Birger Kaipiainen），年輕最資淺的瑪麗安內必須在這些強悍的設計師裡找到自己的定位。

　　甫進入Rörstrand的前兩年，看似恬靜的瑪麗安內其實內心非常焦慮，她發現當時所盛行的火石（flint）原料，容易讓所製作的器皿產生裂痕，因此她花了許多時間尋找替代原料和新技術，這樣的想法和當時廠內協助的鑄模師與工程師產生很大的矛盾衝突，加上她一連串設計的起司罩、砧板、把手鍋等新器型，也被其他人評價舊時代痕跡太重，不易銷售，因此她的設計就這樣被停滯

1.「弗里斯科」（Frisco）是瑪麗安內1951年最早在Rörstrand推出的魚系列，以起司罩、把手鍋和砧板為主，被當初廠內評價舊時代痕跡太重。
2.「波莫納」（Pomona）系列為瑪麗安內1952年推出的作品，延續「弗里斯科」的小魚，並加入其他色彩鮮豔的蘋果。

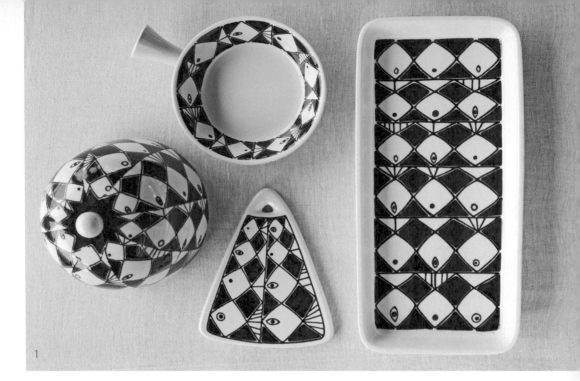

1

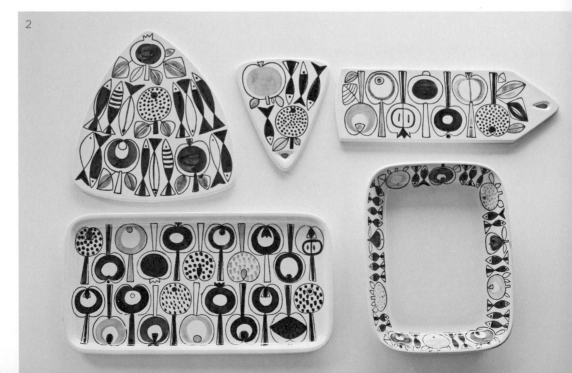

2

很長的時間。一直到1952年「我的朋友」（Mon Amie）系列推出，瑪麗安內的藍色小花開始在瑞典五〇年代設計界開出繁盛的花朵，而她成長過程裡那些溫馨、快活的經驗，也轉變成她彩繪筆下一個又一個的有趣新玩意，當時市場開始給予她「有趣新奇的廚房用品」、「充滿青春洋溢氣息」的高評價。

1952年推出的「我的朋友」系列是瑪麗安內創作生涯裡的第一個成功，1956年的「野餐」系列則可謂她最出色的一項代表作，但在「野餐」推出之前，其實她便開始許多類似的實驗創作，如：「波莫納」（Pomona）、「葡萄柚」（Grape）、「派對」（Party）等，她幼年生活裡那些小童趣，一一變成她筆下的創作線條，她將生活中隨處可見的魚和水果，變成帶點孩子塗鴉味道的樸拙線條，更大膽使用鮮豔的紅、黃、藍彩繪其上，那時瑪麗安內更開始使用新印刷技術，先印刷出圖案的黑色線條輪廓再以手工彩繪上色，替工廠節省許多手繪人工成本和時間，從三個系列裡蘋果、魚、葡萄柚圖案，不難看出此為她創作出「野餐」系列的前哨站，尤其是1954年推出的「葡萄柚」小系列，和「野餐」系列中的檸檬黃果醬罐圖案幾乎是一致的。

「野餐」系列正式推出

　　瑪麗安內設計「野餐」的靈感來自於最尋常的廚房，在瑞典很常見的烹調蔬菜，如：甜菜根、蕪菁、紅蘿蔔、鯡魚、蒔蘿、豆莢、白蘆筍、洋蔥、黃檸檬等，全化身色彩鮮豔俏皮的圖案。她回想起這段設計過程，依然沉浸在當時一筆一畫勾勒描摩的幸福裡，她提到：

　　「所有的野餐系列圖案都是她自己獨立完成的，她像個不聽話的小孩，把自己關在房間裡，一直畫一直描摩，這些動作會讓自己覺得自己非常的棒」，這些設計的圖案最後會變成橡皮印章，接著「在泥胚上印上黑色的輪廓線條，接著再簡易上色」，這是瑪麗安內非常自豪的點子，也接續她之前在「葡萄柚」系列銅板印刷的再進化，減低大量需要人工手繪過程，且讓上色變得輕鬆簡單，替當時工廠節省許多成本，只是瑪麗安內自己的設計卻又與滾印的工序略微不同，她先一筆一畫將黑色線條勾勒在半成型的初胚上，如此她設計的作品線條輪廓會比滾印效果好許多。然而，瑪麗安內一開始提出「野餐」系列的設計想法時，並沒有被當時旗下的設計師和銷售人員認可，比起其他作品，這系列更加豐富多彩且用色強烈，加上廚房隨時可見的蔬菜瓜果圖案，與當時設計潮流反差過大，公司高層一致評斷市場風險過大，足足冷凍這系列兩年才真正投入製作生產，直至1956年，「野餐」系列才首度被推出。

1.「野餐」系列和其他滾印作品的對比，可以看出「野餐」系列邊緣黑色線條非常清晰有力，但一般滾印作品的圖案輪廓則是斷斷續續的灰黑色，仔細比較略有差異。2. 為「葡萄柚」系列，左側果醬罐和燉鍋為「野餐」系列。

烹調食物，燙著細白蘆筍，切著甜菜根，這樣看似再普通不過的事，卻在瑪麗安內手上變成一種時尚，原本被關在家裡放不上檯面的灰姑娘，搭上南瓜馬車搖身一變成穿玻璃鞋的俏皮小公主。我想，就是這份「普通」徹底打中所有家庭主婦的少女心。再怎樣簡單的食物放上去，都像被施魔法般，美味瞬間提升，烹煮的心情也變得異常美好。「野餐」系列一推出便引發瑞典海內外爭相搶購，1959年倫敦展覽會上，更評價此系列作品是「極優秀的瑞典摩登及構圖設計代表」。

在今日，多少收藏者家裡陳列著「野餐」系列，可能一把有著綠色豆莢圖案的把手鍋，也可能是一個繪有甜菜根的小罐子，眾人看到時總會帶著驚嘆的眼神，發出嫉妒又羨慕的口吻，在九〇年代中期一口繪有「野餐」圖案的三角形小碟，售價約100克朗（約374台幣）左右，十年後變成300克朗（約1122台幣），現在你則得付個600克朗（約2244台幣）才能收藏到。而近幾年復古圖案再利用，成為當代另類流行，「野餐」的圖案再次被運用在布料、布鍋墊、餐盤和擦手巾上，足見「野餐」的魅力，六十年來有增而無減。

ADDITIONAL INFORMATION

⊢

「野餐」系列的旁支「波莫納」

　　從「野餐」系列底部的印記，我們可以發現許多當時的小祕密，這系列所採用的器型稱之「RH Modell」，底部印記的數字則表示模型號，「RH Modell」同時也被使用在其他系列圖案上，如：「菜單」（Menu）、「燉煮」（Stuva）、「波莫納」（Pomona）（有1952年和1956年兩款），但這些系列卻又都是從「野餐」圖案中擷取局部另成一個新系列，例如：「燉煮」系列中的香菇和雞油蕈圖案，與「野餐」系列裡在碗及長方盤等模型上的蕈菇是一樣的，而「波莫納」上的綠色蒔蘿、紅色甜菜根及藍色洋蔥，更是「野餐」中的經典圖案。因此，消費者輕易地將1956年推出的「波莫納」系列也歸入「野餐」系列，列入成套收藏品的清單項目。事後便有人批評「波莫納」系列是Rörstrand瓷器廠為延續銷售成績，而做出的小動作，將「波莫納」系列直接歸入「野餐」之中是有爭議的。對於這項批評，瑪麗安內僅淡淡地說「大家的說法並不會讓我感到吃驚」，也間接證實當時Rörstrand瓷器廠的銷售策略。

從 Rörstrand 來的春天──
我的花園

　　1959年末，瑪麗安內在丹麥波利弗斯（Bolighus）展覽會上推出她另一個新系列「我的花園」（My Garden），她的花園裡不是花團錦簇的花草，而是延續一如既往的喜愛，一條又一條披掛著閃耀鱗片的魚群，和各式俏皮活現的蔬果。 1960年4月，Rörstrand 瓷器廠將此系列在命名為「從 Rörstrand 來的春天」展覽會上正式推出。

　　雖然推出之際，「我的花園」適逢兩位強勁對手也同時推出系列作品，但由於形式設計又創新意，搭配大膽的構圖和繽紛用色，發行之際便引發媒體關注，大家無不誇讚瑪麗安內的設計巧思，真正存活在廚房裡的設計師，懂得什麼是方便什麼又是主婦的不便，甚至戲稱「女人用的家庭用品就該是女人創造出來的」。

　　「我的花園」設計獨到之處，在於將蓋鈕設計成掀開後可倒立放置，鍋蓋變成深盤或小碟，鍋蓋內亦繪有圖案，所以就算變身盤碟同樣十分美觀，將設計靈活地運用在日常生活。

　　有人說「我的花園」系列是繼「野餐」之後讓瑪麗安內的設計地位更加穩固之作，但「我的花園」系列在當時卻出乎意外地銷售未創新高，後來大家評斷原因大概是這款作品在當時的售價並不便宜，以致精打細算的主婦們在收藏大量「野餐」之後，狠不下心將它再列為收藏清單之一。至於到底當時售價是多少？也成為現在收藏家很想知道的答案。

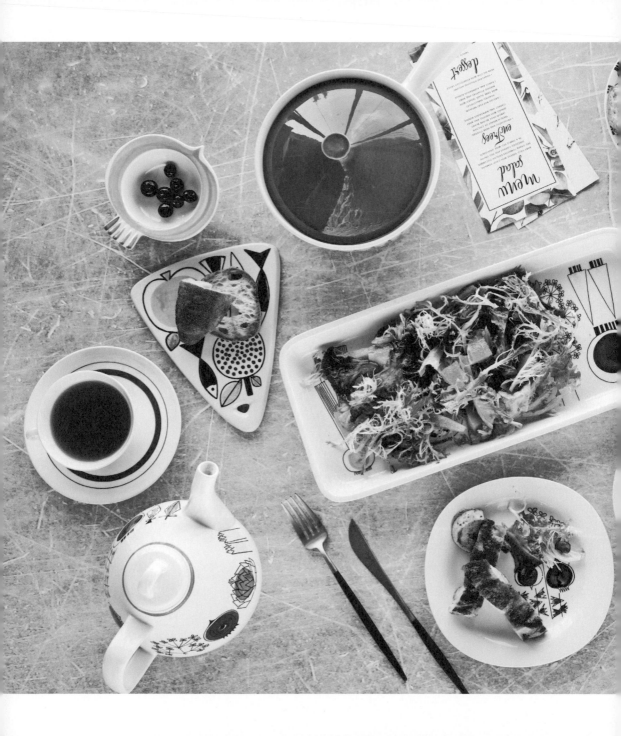

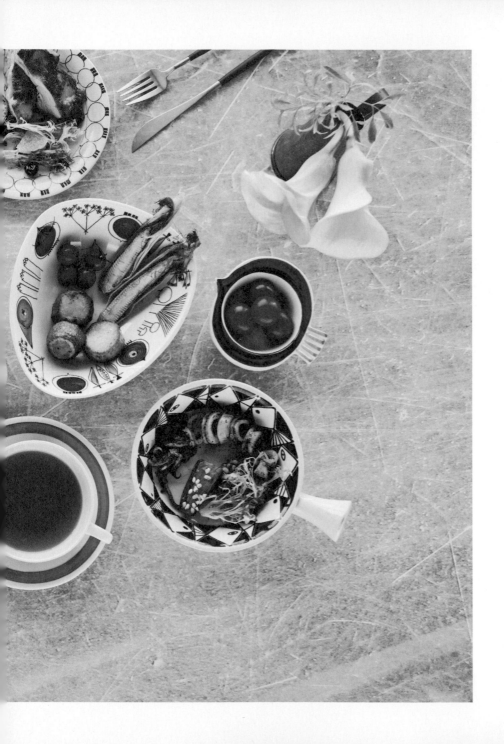

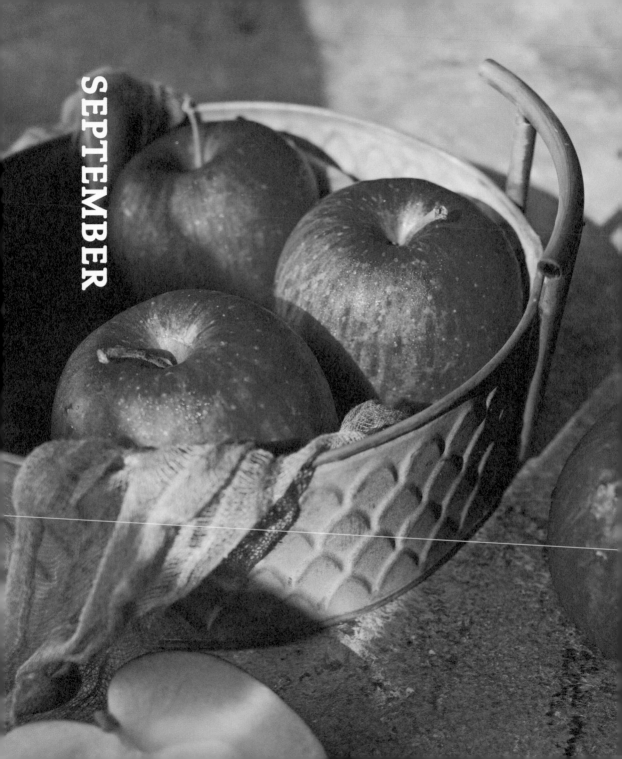

SEPTEMBER

EDEN

誰是伊甸園的真正主人？

Rörstrand在1960-72年間設計出堪稱史上最幽緲神祕的蘋果系列，在枝葉叢落間大又顯眼的蘋果，以黑色線條作為圖案建構的輪廓、再彩繪上非比尋常的藍紫色，命名為「伊甸」（Eden），以聖經筆下那個永遠愉悅充滿歡樂的樂園命名。

這系列作品在設計著作歸屬上曾被認定是瑪麗安內・韋斯徹曼（Marianne Westman）的原創設計，但瑪麗安內在接受《復古》雜誌專訪時澄清了這件事，她說：「對我而言，伊甸的圖案設計完全是個錯誤。」她不曾設計出一顆紫色混土耳其藍的蘋果，還搭上了模糊不清的棕色線條。

從瑪麗安內的幾件知名作品，如：「野餐」、「我的花園」、「波莫納」等，可以清楚理解瑪麗安內設計中特別強調的有力線條輪廓，這些黑色線條來自瑪麗安內一筆一畫先在初胚上的繪製，比起當時所流行將設計草圖先刻畫於橡皮之上，再滾印出輪廓線條後彩繪相較，兩種不同作法的作品，在輪廓的清晰度及色彩鮮豔度上有著天壤之別，儘管「伊甸」系列成為當時風靡一時的作品，在後來的收藏市場上更是火紅，但對瑪麗安內來說這依然是件「錯誤的設計」，她不願也不肯世人將此系列當成她的創作。

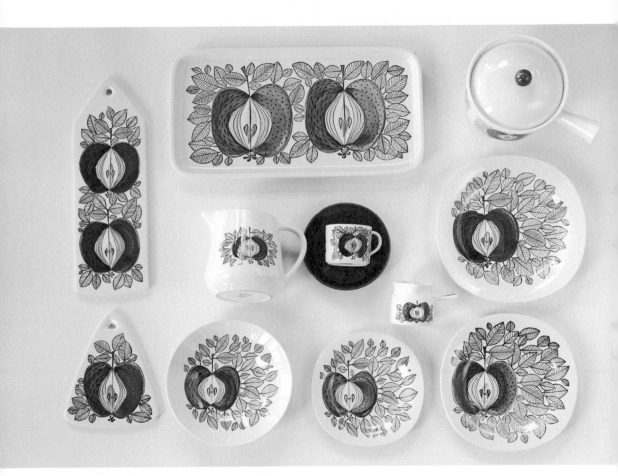

「伊甸」以聖經筆下永遠愉悅充滿歡樂的樂園命名。

來自德國的異域女子西格麗德・李斯特（Sigrid Richter）

　　面對大家對「伊甸」設計師的好奇，瑪麗安內試著回想當時她在Rörstrand
的情景，1960那年她被委任一個新的裝飾設計工作，同年也正是她得到贊助
去美國旅行的一年，當時留在Rörstrand瓷器廠的幾位女設計師，瑪麗安內認
為「伊甸」的原創設計應是西格麗德・李斯特（Sigrid Richter），五〇年代來
自德國，她輾轉在瑞典Gustavberg和Rörstrand兩個大廠工作，最後回到德
國漢諾威成為一名專業的陶藝家。

　　在尋找這名來自德國、不知名的女設計師過程中，關於西格麗德・李斯特
這名字的紀錄少之又少，在Rörstrand瓷器廠留存下來的檔案記錄裡，只有
一張小小的黑白照片，以及寫著這位出色的女設計師在12年期間設計了無數
裝飾圖案，但沒有任何具體記錄究竟是哪些圖案。但試著翻找她也曾工作的
Gustavsberg瓷器廠資料，卻在Gustavsberg瓷器廠博物館資料裡，找到些許
這位短暫停留的異裔迷樣女子蹤跡。

Gustavsberg瓷器廠將西格麗德・李斯特稱之為彩陶畫家，在目前一些拍賣行存留的彩陶老件裡，可看到類似這樣的介紹：「該器型為斯蒂格・林德貝里所設計，但彩繪者為西格麗德・李斯特」，拍賣行根據的便是器皿底部西格麗德・李斯特自己獨特的簽名。一般設計師可以簽下自己名字或者字母縮寫，但若僅僅只是彩繪上色的設計師，便只能悄悄地留下一個屬於自己的圖案，有人留下一隻鳥，有人留下一個水壺，或者一個井字、一個音符，代表西格麗德的是一個「包覆搖擺線條的圓圈」，沒有人明白這符號對西格麗德而言代表什麼意義，這世界上也只有她自己明白這個符號的答案。

「伊甸」的前身竟是「炸薯條」！

「伊甸」的蘋果圖案堪稱經典，靛藍的果肉搭配嫩綠的果核，種子的顏色卻是土耳其藍，些許綠葉塗上幾抹綠，多數只是黑白葉脈輪廓，這顆被瑪麗安內認為配色奇怪的蘋果，大家可以想像未上色前應該是什麼模樣嗎？是否黑白「伊甸」和上色後的「伊甸」園一般美麗而耀眼？

　　很有趣的，在目前老件市場裡，流通著一款命名為「炸薯條」（Pomfrit）的餐皿，熟悉卻又陌生的荒謬感是大家第一眼印象，同為 Rörstrand 瓷器廠出廠，設計年代不詳，設計師不詳。仔細比對「伊甸」與「炸薯條」30×18公分長的方皿，器型圖案完全一致，差異在於「炸薯條」釉的底色近似灰白色，圖案是黑白印刷，整體感覺有種灰撲撲的骯髒感，而「伊甸」的底色是非常純淨的白色，輪廓一樣是黑白印刷但多了彩繪上色。

　　除了瓷土顏色和上彩差異，二者比對結果，「炸薯條」的器型款式也不如「伊甸」多樣，目前流存市面的僅有尺寸不同的方皿、碗、醬汁小皿等，與「伊甸」可見的二十四種款式，數量可謂天差地別，推測這兩個系列的設計師應是同一人無誤，也就是這位神祕的西格麗德‧李斯特，而「伊甸」也應是在「炸薯條」圖案及各種器型的基礎上蛻變而來。

西格麗德‧李斯特（Sigrid Richter）的特殊簽名。

Rörstrand 博物館所保存五〇至七〇年代製作圖樣的橡皮印章。

「伊甸」的杯型採用1954年由赫薩‧班特松（Hertha Bengtson）所設計的DM器型，此款DM器型被Rörstrand瓷器廠廣泛使用在許多系列，例如：「維多利亞」（Viktoria）、「愛麗斯」（Iris）、「蓬圖斯」（Pontus）、「波爾卡」（Polka）、「菲利帕」（Filippa）、「探戈」（Tango）、「卡德特」（Kadett）、「菲尼克斯」（Fenix）、「吉爾」（Gille）、「柯蒂斯」（Curtis）、「米亞」（Mia）等，至少20種以上圖案設計使用DM器型。另一個非常特別的現象，就是使用DM器型的系列多以人名命名。

　DM器型在老件收藏界已成為另一股收藏旋風，輸入這些系列名，收藏迷總企圖在印記等蛛絲馬跡中挖掘出更多設計師的訊息，很可惜的Rörstrand瓷器廠對這些記錄的保存非常缺乏，不如Gustavsberg瓷器廠留下許多當時工廠如何製作瓷器的黑白影像，廠內設計師的印記、裝飾圖案、文字記錄等也都有一些保存。

DM器型系列作品眾多，至少20種以上圖案設計，是目前老件收藏界另一股收藏旋風。

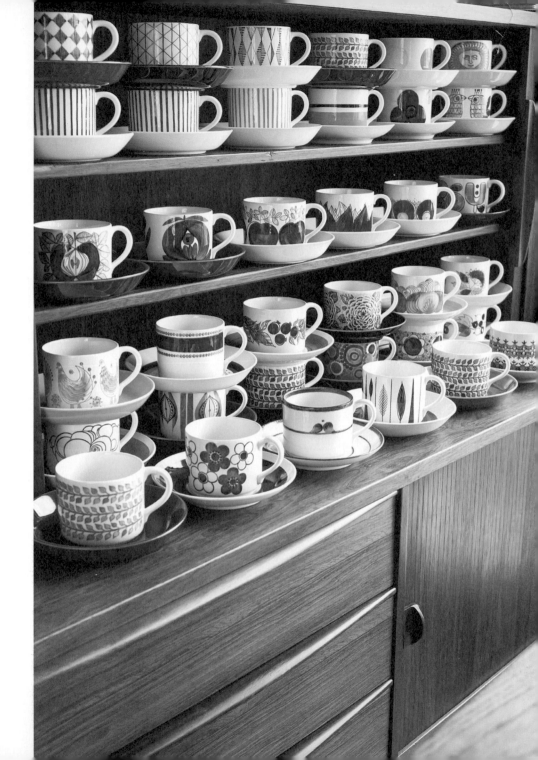

但這幾個系列中，還是可以找出雷同度很高的幾個圖案，如：「維多利亞」、「愛麗斯」、「波爾卡」和「伊甸」的構圖便十分相似，均以深藍色和黑色為主。尤其「維多利亞」與「伊甸」的差別僅在一個是完整藍色蘋果，另一個是蘋果剖面這樣的區別。

　　另外，收藏迷也指出這系列的底盤，有全彩和半彩的差異，如：「伊甸」和「米亞」的底盤為單一色系，「蓬圖斯」的底盤則以白色為主，但彩繪單圈深藍色一迴圈，上彩部分迴圈較粗，其他系列的迴圈則較細。

　　「伊甸」的主人來了又走了，留下這個樂園給世人，脫去知名設計師的冠冕，不管在當時或現在，伊甸的光芒依然留存閃閃榮光，深受世人直觀的喜愛，將這座伊甸園當作尋蹤的起點，我們不僅找到樂園，也找到那位才華洋溢的神祕女子。

　　美的事物總能雋永地長存在人們的心中，久久不散。

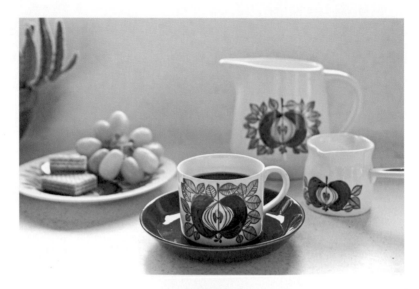

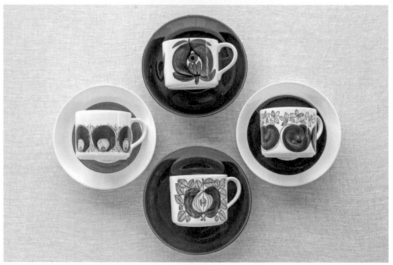

「愛麗斯」（左）、「維多利亞」（右）、「波爾卡」（上）和「伊甸」（下）

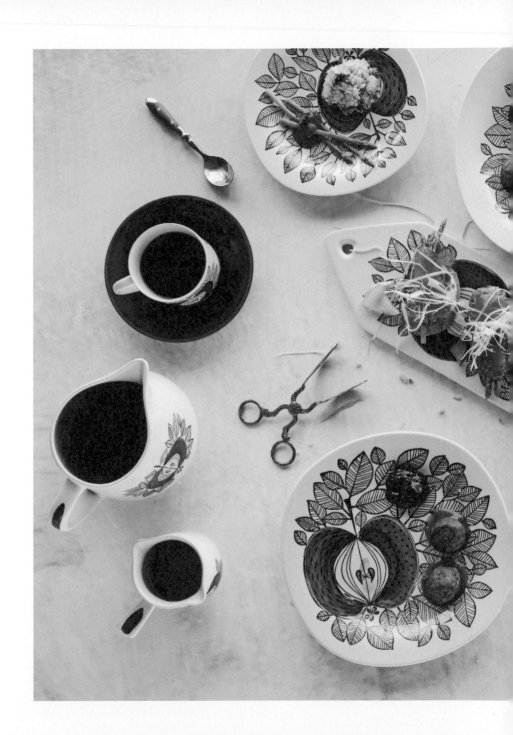

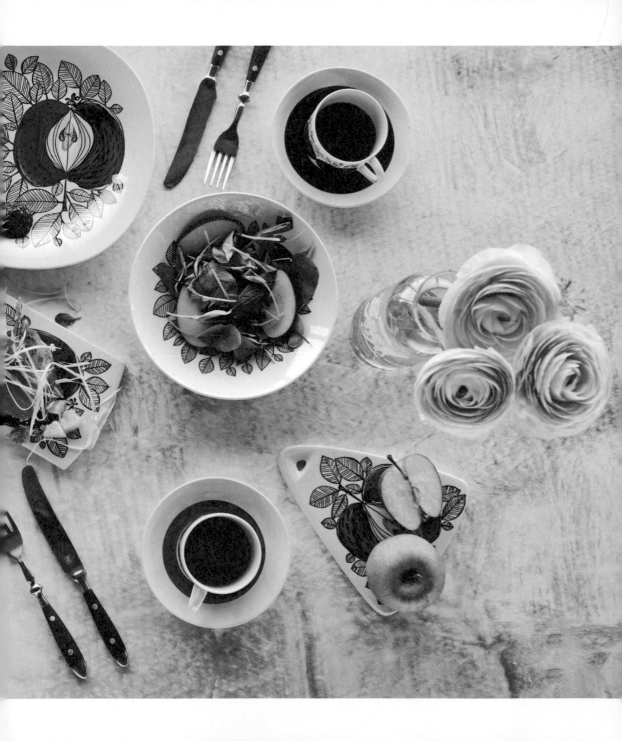

OCTOBER

PARATIISI

想像天堂的模樣

你想像過「天堂」的模樣嗎？

明亮又白淨的天空，還是一片虛無飄渺？蔬果繁盛百花盛開，充滿歡笑嬉戲，還是只是一片寧靜？

我沒辦法告訴大家天堂真正的樣子，畢竟每個人想像的天堂是不同的，但我們可以聊聊芬蘭瓷器王子皮爾格‧凱皮安能（Birger Kaipianen）心中的「天堂」（Paratiisi）。

Paratiisi，芬蘭語，我們可以譯作「天堂」，亞洲收藏迷也稱之為「碩果」。碩大又流暢的線條，華麗耀眼的色彩，生命力旺盛的樹木向天際展開枝椏，枝幹上有著橄欖綠的樹葉、銘黃的蘋果和梅李，末梢延展出藍紫色葡萄及浪漫的紫羅蘭，串串黑色小巧的莓果穿插其間，皮爾格心中的天堂，縱使少了天神、亞當、夏娃和伊甸園，卻看到一片欣欣向榮充滿生命力的景象。

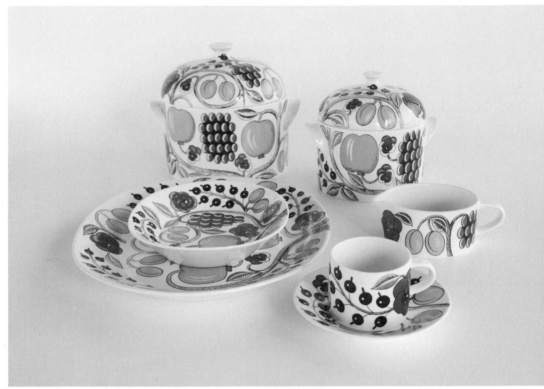

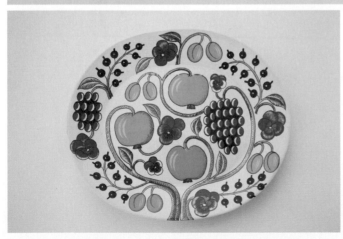

Paratiisi系列：中文翻
譯成「天堂」，亞洲收藏
迷也稱之為「碩果」。

176

Birger Kaipianen 肖像：芬蘭設計界將皮爾格譽為「陶瓷大師」、「裝飾藝術之帝」。「天堂」系列是他最知名的作品。

有人說其實「天堂」和皮爾格本人性格非常相似，具火力且異常明亮，《復古》雜誌甚至形容他是一隻偶然棲息在北國的熱帶鳥。1915年，皮爾格出生於芬蘭西邊一個小城市波里（Björnberg），這座小城市也可譯作「熊堡」或「熊城」，當他一歲時全家搬到赫爾辛基。在皮爾格生平有限資料裡，關於他幼時到Arabia瓷器廠前的資料少之又少，但他卻特別提到一個有趣的夏天回憶。

　　他說，有一年夏天他們全家到俄羅斯旅行，並在卡累利阿（Karelen）地區一個信仰東正教的家庭住過一陣子，這個童年的經驗間接影響他對拜占庭藝術和義大利文藝復興的熱愛。在當時一片簡潔、功能主義設計盛行的時代，他毅然決然走了一條完全相反的道路，他筆下的人物、浮雕、充滿豔麗多彩的浪漫主題，設計的圖案裡總充斥著花卉、各式各樣的碩果、鳥類，精緻到像一幅畫，不再只是單純的裝飾配件，這樣的設計想法，也讓收藏界一致認為皮爾格的設計作品不再是單純的餐皿，而是一件件可以永遠流傳的藝術品，芬蘭設計界更將他譽為「陶瓷大師」（Keramikens mästare）、「裝飾藝術之帝」（dekorationskonstens obestridde härskare）。

　　1937年，22歲的皮爾格從赫爾辛基藝術學院（Konstindustriella Läroverket i Helsingfors）完成為期四年的學習，他主攻舞台佈景和陶藝，同年，被Arabia瓷器廠聘僱到藝術部門擔任設計師，大家對他的印象是一個天才卻很害羞的年

輕人，1954-57年期間，皮爾格短暫離開Arabia到瑞典Rörstrand瓷器廠工作三年，在Rörstrand瓷器廠期間的設計記錄幾乎是零，但在Rörstrand的老照片裡卻常看到他和幾位Rörstrand瓷器廠主力設計師的合照。1958年他再度回到Arabia瓷器廠的藝術部門，直到1981年退休，他一生有三十多年的時間都給了Arabia，也將設計精力全貢獻給這個品牌。當時設計界就將皮爾格視作Arabia品牌的代表，如同斯蒂格‧林德貝里代表Gustavsberg一樣的等同關係，足見皮爾格對Arabia的重要性。

天堂系列風靡全球，釉料顏色問題一再改版

　　1969年，皮爾格設計的「天堂」系列正式上市，採用BK器型，共19種不同款式，包含17-25公分及29-42公分不同尺寸餐盤，深碗、沙拉碗、湯皿、水壺、醬汁壺、早餐大茶杯、小罐等，形式精緻簡單，餐盤設計突破圓形規範，設計為「橢圓形」，華麗的圖案佔據整個器皿盤面與側身，上市便深受大眾喜愛，造成搶購風潮，然「天堂」的第一次上市時間卻非常短暫，只有近五年的時間，在1974年這款熱銷商品便因釉料顏色問題及原物料太貴而停產。

關於Arabia所提出的釉料顏色問題，並沒有更進一步的說明，但從一件1968年出產的「瓦錫蘭」可看出一點點端倪，這件標記印有瓦錫蘭1968的深盤[1]，和1969年才上市的「天堂」深盤，款式圖案幾乎一模一樣，差異在於「瓦錫蘭」的黃偏黃綠色，藍則是淡藍色，「天堂」的黃是顯眼的銘黃色，藍是夢幻的紫羅蘭藍，可見Arabia在釉色的選擇上一直在精鍊，當釉料顏色無法一如既往的斑斕，1972年Arabia也退而求其次推出「黑白」色系的「天堂」，只是此款黑白色系生產時間更加短暫，僅僅兩年時間，於1974年同黃藍色系的「天堂」一起停產。

1987年，皮爾格去世的前一年（1988年去世，享年73歲），他所設計的彩色版「天堂」在消費者強烈要求下，再度經典重現開模生產，然仔細比較1987年版與1969-74年版的釉色，再版的釉色近乎趨近皮爾格當年心目中最理想的釉色；1987年的改版，還包括器皿的形狀，將原本橢圓形的餐盤改回一般圓形，關於1987年的生產紀錄，Arabia瓷器廠並沒有紀錄這次生產持續多久，但記錄顯示2000年開始到現在又進行了第三次改版生產，2000年所生產的「天堂」，餐盤底部變寬。同年，黑白色系的「天堂」也再次上市直到今日，2012年更推出紫綠色系的系列。

註1：參考《復古》雜誌2017年No. 5。

如今，不管彩色藍黃版的「天堂」，還是黑白色系、紫綠色系都可在Arabia
商店看到，不再是當年限量沒搶購到便停產的商品，只是不管顏色如何改變，
皮爾格的「天堂」圖案永遠是大家心中最美的天堂樂園。

若說皮爾格·凱皮安能是一隻誤闖北國的熱帶鳥，但北國的寒風並未澆熄這
隻熱帶鳥的熱情，縱使我們試著將這隻熱帶鳥藏匿在幽暗的角落裡，依然可輕
易發現牠，一道如冬夜雪景裡的暖冬，透著溫暖和光亮，讓人忍不住握住，就
像抓住陽光煦煦的天堂。

ADDITIONAL INFORMATION

⌐

「天堂」標記 TIPS

1987

這時期改採印刷廠標+ARABIA +WÄRTSILÄ FINLAND（字體略小）+ 系列名「Paratiisi」+KESTÄÄ KONEPESUN （TÅL MASKINDISK、DISHWASHER-PROOF），以芬蘭文、瑞典文和英文三種 語言表示器皿經洗碗機洗滌不會褪色和碎 裂。此時期釉色和第一期釉色非常相近， 只是枝椏間的綠葉黃色偏多一點，碩果上 的黃在光線下也更顯濃郁，紫羅蘭和葡萄 部分一樣是紫羅蘭色，但光影折射下卻更 顯藍些[2]。

1969-1974

這時期在器皿中央加蓋Arabia廠標 的藍色小戳章，形式為廠標+ARABIA +MADE IN FINLAND，系列名PARATIISI 放在最底部，以一朵帶枝葉的紫羅蘭延伸 出黑色莓果環繞整個廠標。1969-74年版 的釉色綠是橄欖綠，紫羅蘭和葡萄部分是 紫羅蘭色。

註2：根據Arabia瓷器廠所提供的不同年 代廠標，擁有WÄRTSILÄ FINLAND字 樣當為此1971-1975年廠標，然「天堂」的 再版則確定在1987年，此為二造非常混亂 之處。

BK器型的其他圖案運用

　　皮爾格為「天堂」所設計的BK器型，除「天堂」系列外，同時還使用在其他四個裝飾系列上，分別是素白色的「夏娃」(Eeva)和純黃色的「亞當」(Aatami)，亮黃幾何圖案的「星期天」(Sunnuntai)及不同層次綠色的「幸運草」(Apila)，生產時期與「天堂」系列相近，在1971-74年間，量產數量卻不多，在舊貨市場上一貨難求，價格十分昂貴，而「幸運草」系列則在2006-2010年間再度量產，至今仍深受消費者喜愛。

2000-2014

　　這時期為印刷廠+ARABIA+FINLAND，字體大小一致，外圈環繞「烤箱到餐桌」(OVEN TO TABLE)「洗碗機安全」(DISHWASHER SAFE)「微波爐安全」(MICOWAVE SAFE)字樣。同樣這時期在釉色上又有些許改變，銘黃色變淡、藍紫色變深、枝椏的綠變為一般深綠色。

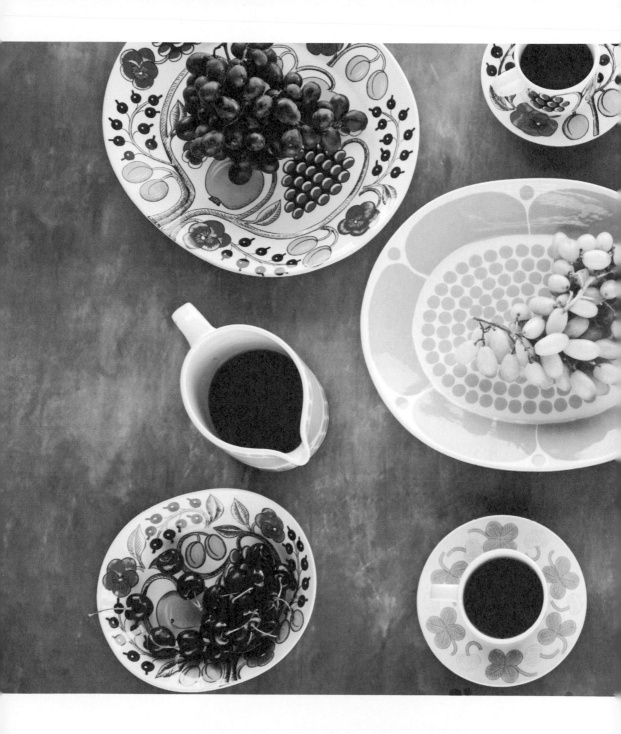

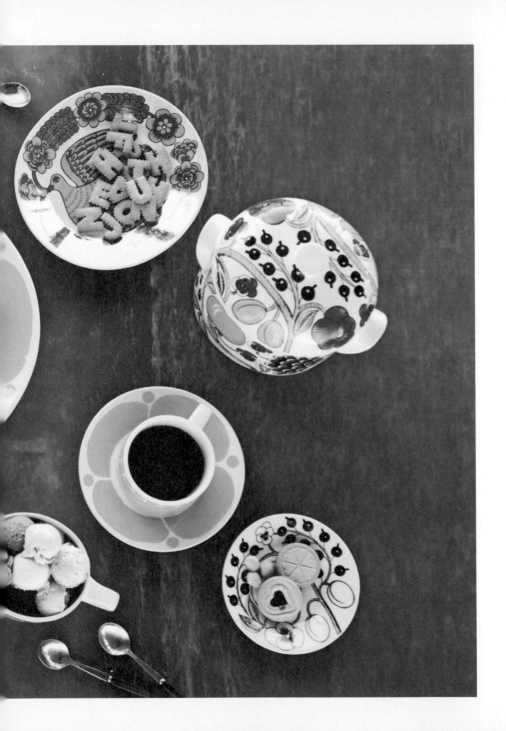

NOVEMBER

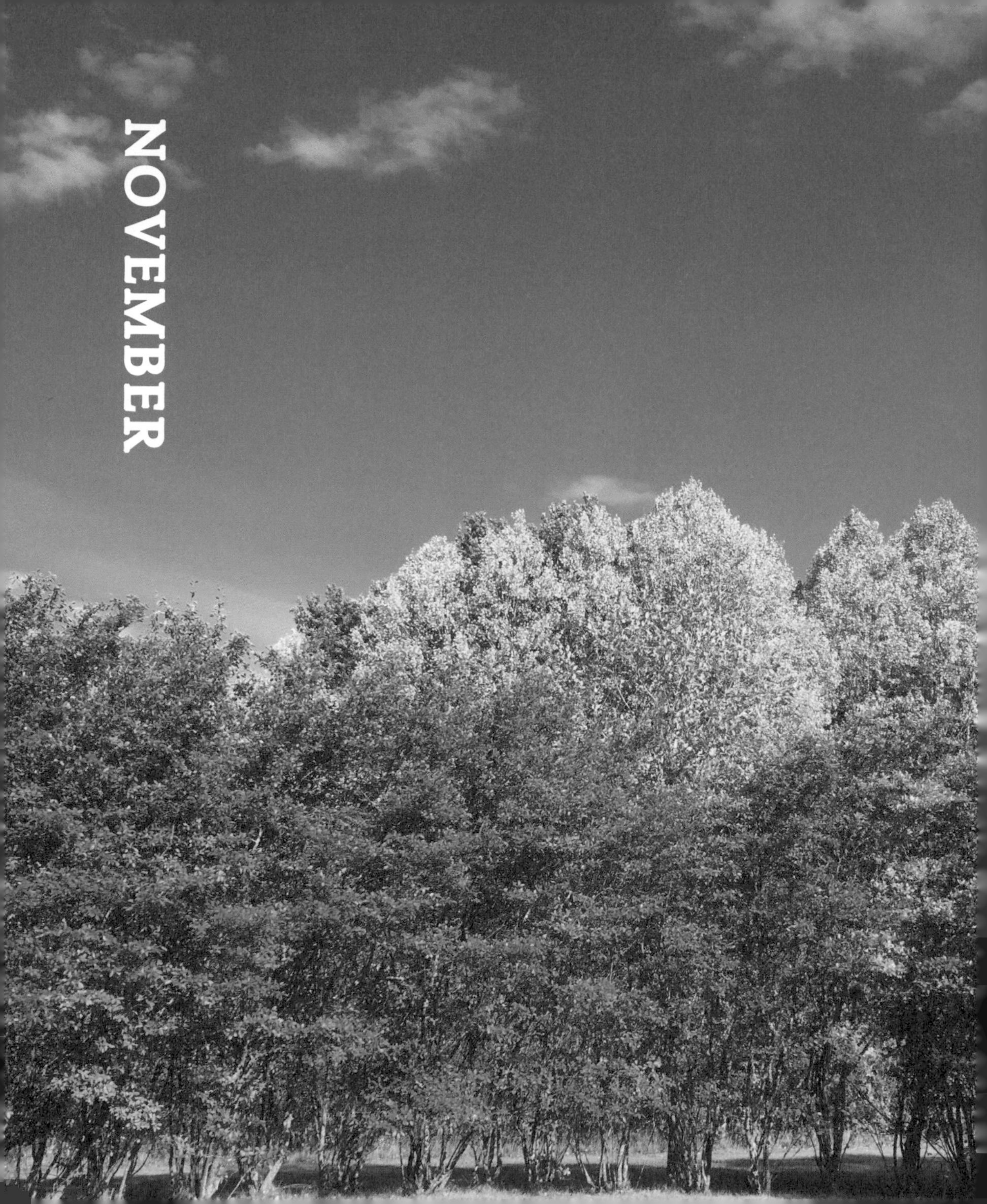

RELIEF

在落葉堆疊裡的秋色

　　六〇年代，成千上萬的丹麥家庭裡有著一個共同的浮雕圖案，緊密的土黃葉片一片又一片地交織在餐皿之上，用手輕撫還感受得到葉脈間跡理的起伏，繁複的葉片錯落卻有致，彷彿將森林裡、湖光旁的秋色這樣輕輕地…輕輕地…帶進家裡，信手沏上一壺滾燙的熱茶，輕餟一口，看著窗外的漫天飛雪，本該離開的秋天森林此刻卻像時間靜止般，留了下來。

　　丹麥人愛極這款外表由陶土包裹，內裡卻搭配不同材質白釉，名叫「浮雕」（Relief）的餐皿，器皿同時兼具陶特有溫度和觸感，也有白瓷的細緻，發行沒多久時間，「浮雕」旋風便開始發酵蔓延，幾乎在每個丹麥家庭裡的某一處角落，都可能隨時展示出一個或兩樣「浮雕」系列的小東西，但問及設計它的人是誰？當時卻很少人知道背後的設計師究竟是誰？

　　翻開這些器皿的底部，企圖從各式各樣的標記裡找出蛛絲馬跡，在目前可以蒐集到的「浮雕」系列底部印記，大概可找到三家工廠名稱及兩個廠標，分別代表著不同時期、不同工廠的生產痕跡。依年代可簡易區分Kronjyden、Kronjyden+Nissen（1937-1972），Bing & Grondahl（1972-1987），Royal Copenhagen（1988～）三個時期，但關於設計師的資料卻從未在底部標記中透露。

「浮雕」的設計師究竟是誰？二十世紀的「浮雕」收藏迷已經可以非常迅速地回答這個問題，設計師是延斯‧哈爾德‧奎斯果（Jens Harald Quistgaard），一般將其簡寫JHQ，在丹麥人還不瞭解他時，他卻已經在美國、日本、丹麥之外的歐洲各國聲名大噪，並將JHQ旋風席捲回丹麥。

美國公司塑造出最頂尖的丹麥品牌設計師
Jens Harald Quistgaard

　延斯‧哈爾德‧奎斯果是誰？廣泛的說法，他是一名非常成功的設計師，也是一個非常善於經營個人品牌，帶動市場潮流的商人。

　延斯，1919年生於丹麥哥本哈根，他的父親是名雕塑家，也一直企圖將延斯培育成一個職業雕塑家，延斯從男孩時期便開始展現對繪畫和陶藝的著迷，因此在他的成長過程裡有很長的時間都在父親的工作室裡度過，他從父親身上學到一切關於黏土的知識和技法，甚至在青少年時期便在父親的工作坊當學徒。

　因為父親職業的關係，他從小便與當地各類手作工匠往來頻繁，除了黏土外，他更習得鍛鐵、木器、玻璃等工藝技巧。

延斯最知名的瓷器作品「浮雕」系列。

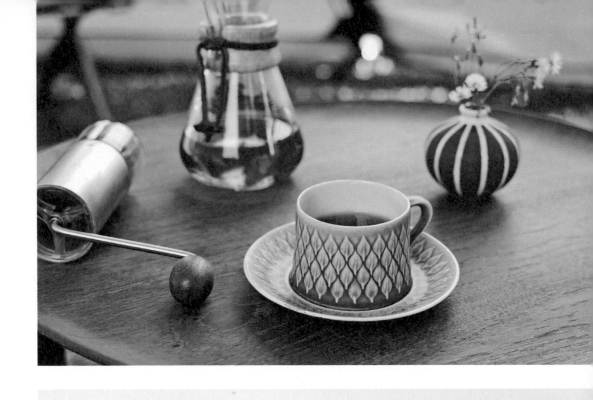

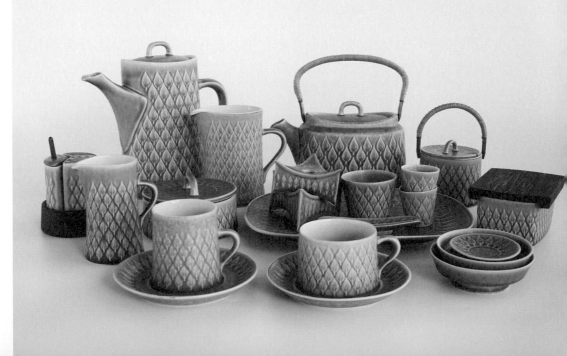

因為這樣特殊的學習經歷，延斯在後來每一項設計作品量產前都可以親手製作每一項產品模型，完全不用假他人之手，也因此他擅於將不同材質加以組合成一個全新的工藝品，將藤和黃銅及陶器做結合，或者木器搭上陶器，柚木搭配不鏽鋼等嶄新面貌。而母親的廚房是他手工藝製作的起源地，他製作了一個屬於自己小作坊，生產首飾和刀具。十五歲時，他的作品首次在某家博物館展出，是一批手工製作的狩獵刀。

　　1937年，他前往哥本哈根的技術學校學習為期三年的工藝課程，接著在知名銀器公司喬治‧傑生（Georg Jensen）當銀器設計製造學徒，直到二戰爆發才中斷這一切學習。二戰期間，延斯回到父親那裡繼續鑽研他的工藝技法，一邊幫人畫肖像及製作陶瓷浮雕賺取生活費，偶爾也接一些銀器公司的設計，製作首飾和銀器餐具。蕭條的四〇年代處處充滿困頓，對當時任何人來說都是困難的，包括才華洋溢的延斯，但也或許因為這樣長時間潛沉，才足以讓後來的延斯雕琢出璀璨的光芒。

美國商人泰德在博物館展覽會上看到「峽灣」系列後，說服延斯量產這套以不鏽鋼銜接柚木的餐具組，並開始與延斯合作成立「丹麥設計」品牌。

190

1953年，對34歲的延斯是非常不一樣的一年，他設計的第一套不鏽鋼銜接柚木系列餐具「峽灣」（Fjord）獲得非常大的成功，並在丹麥藝術與設計博物館（Kunstindustrimuseet）公開陳設，而這一項作品也正是改變延斯一生的轉捩點。隔年，1954年美國商人泰德·尼倫貝格（Ted Nierenberg）想成立一個新的家飾品牌，並到歐洲旅行尋找品牌靈感，當他和太太旅行到哥本哈根時，他們無意間在丹麥藝術與設計博物館裡看到延斯創作的「峽灣」餐具，強烈感受到斯堪地納維亞設計的獨特魅力，當下他便希望能將延斯所設計的餐具量產，並延攬延斯成為他們即將成立的家飾品牌的創意總監，主導該品牌未來每一項設計產品的導向。這家新公司成立在美國也以美國為銷售起點，但卻在丹麥製造，品牌命名為「丹麥設計」（Dansk Designs）。

「丹麥設計」的木器部分，主要製作由丹麥木器廠Nissen生產，部分產品也在日本和台灣代工。美國公司，丹麥生產的合作模式，讓延斯的設計迅速在國際間嶄露頭角，並在幾項國際設計取得大獎，如：他到紐約所設計的第一套彩色搪瓷鋼鍋具Anker-Line，便得到1954年米蘭設計大獎金牌。

延斯擔任「丹麥設計」創意總監時間長達30年，直到1980年搬到羅馬才卸下這工作，期間設計4千多件作品。從餐具、裝飾品、燭台到家具，更實驗各種不同材質設計，從黃銅、鑄鐵、搪瓷、柚木、玻璃、鋼到銀，無所不包。他的設計多以明亮顏色為主軸，雖以廚房為設計起點，但每一項設計卻兼顧到與其他房間搭配的和諧性，他的設計將斯堪地納維亞式的現代摩登鋪展到美國生活之中。

Jens 的瓷器和木器作品。

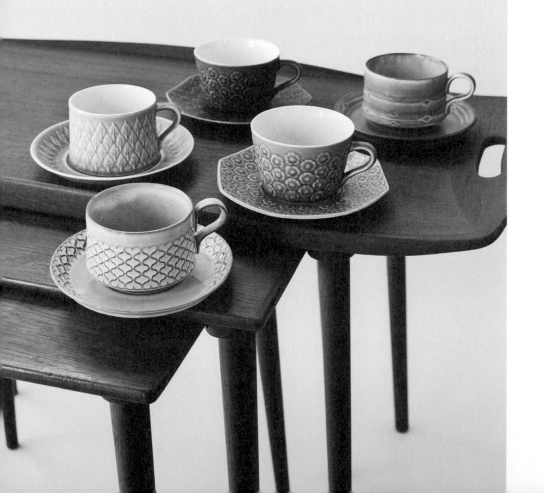

創作個人品牌，還是讓群眾回歸產品風格？

　　1957年，延斯擔任丹麥設計創意總監同時，也開始與丹麥陶瓷廠Kronjyden新股東理查·尼森（Richard Nissen）合作，理查·尼森是木器廠Nissen老闆漢斯·尼森（Hans Nissen）的兒子，木器廠Nissen從1953年便開始挹注資金入股Kronjyden陶瓷廠，讓這家從1937年便成立的老陶瓷廠有了新資金也有了新的發展願景，木器廠Nissen原本便承接丹麥設計木器製作，在小老闆理查·尼森的主導下，讓旗下這家新入股的陶瓷廠Kronjyden也開始量產延斯所設計的陶瓷餐具。

　　1959年，延斯搬到丹麥和德國共有的日德蘭（Jylland），在這裡，他開始同時替美國公司「丹麥設計」和丹麥公司「Kronjyden」設計作品，浮雕系列就是初期生產的幾款餐具之一，以葉片造形的浮雕排列，搭配黃土色的釉色，營造出秋天寧靜森林的氛圍，是延斯眾多設計中一直廣受歡迎的平民款，當時丹麥人幾乎都喜愛且知道Kronjyden所推出的「浮雕」（Relief）系列，卻甚少有人知道設計師就是延斯。

　　後來的人推測延斯不掛名Kronjyden設計師的作法，可能來自同一設計師不同品牌銷售的考量，由美國商人出資打造延斯個人品牌的丹麥設計，是他當時主要的委託者，若是在丹麥的Kronjyden也是以延斯設計為產品主打，勢

必將影響彼此的銷售量，在避免兩家品牌互相惡性競爭的情況下，延斯的名字並不會特意出現在Kronjyden陶瓷廠的餐皿行銷上。當然，也有人推測這樣特意隱藏設計師名字的行銷手法，其實是延斯希望追隨者的購買應回歸到產品本身，消費者被設計風格所吸引進而購買，而不是對延斯個人品牌的盲從。

不管當初延斯的想法如何？事實證明兩邊的銷售都因爲他的設計作品獲得很大的成功，丹麥設計以美國爲主要銷售市場，歐洲和日本也都推廣地十分順利；而Kronjyden的銷售，丹麥市場佔75％，其餘25％出口到其他國家，延斯創造了一個雙贏的局面。

「浮雕」系列，從1959年開始繪圖製作，同一系列發展出60多件不同產品，從不同款式的壺、咖啡杯、茶杯、奶罐、水壺，到糖罐、椒鹽罐、餐盤、冰桶、花瓶、蛋杯、燭台等，設計風格穩重卻帶點北歐森林的童趣，雖均以葉片造型浮雕排列，但不同款式間仍有不同排列變化，有單圈、複圈、佈滿空間及類藤蔓排列，顏色上以黃土色爲主色，另有搭配綠釉、白釉不同顏色組合，調料罐和奶油盒更與不同材質的柚木搭配，呈現另一層次的靜謐美感。「浮雕」系列，除黃土色外，另有棕、綠、藍、黑其他色系，但數量都非常稀少，也限定某些特定器型，例如：糖罐，算是市場上的珍稀款。

繼「浮雕」系列之後，延斯又設計出類似風格卻不同造型的系列，分別爲「誠摯」（Cordial）、「天藍色」（Azur）、「棕土」（Umbra）。

「誠摯」系列共有七色，以灰色為最早的主打設計，由Kronjyden-Nissen陶瓷廠生產上市，時間約1969-70之間，灰色款的款式最多最全，樣式多樣性僅次於「浮雕」，且每一款造型均十分雅致，尤其在壺身上特意做出了陶藝難以展現的腰身，通體泛著純色水潤近似緞光澤的釉光，通體以重複的幾何壓花圖案，連接上下迴成一圈的愛心紋樣，俏皮可愛的愛心圖案也正呼應這系列名稱「誠摯」，蘊含「誠摯的心」的寓意。灰色的「誠摯」系列生產時間又剛好接近Kronjyden-Nissen陶瓷廠被Bing&Grondahl陶瓷廠併購時間點，因此市面上的灰色「誠摯」系列可以看到Kronjyden-Nissen最早生產的標記，和第二時期由Bing&Grondahl陶瓷廠生產印有B&G Logo的標記。

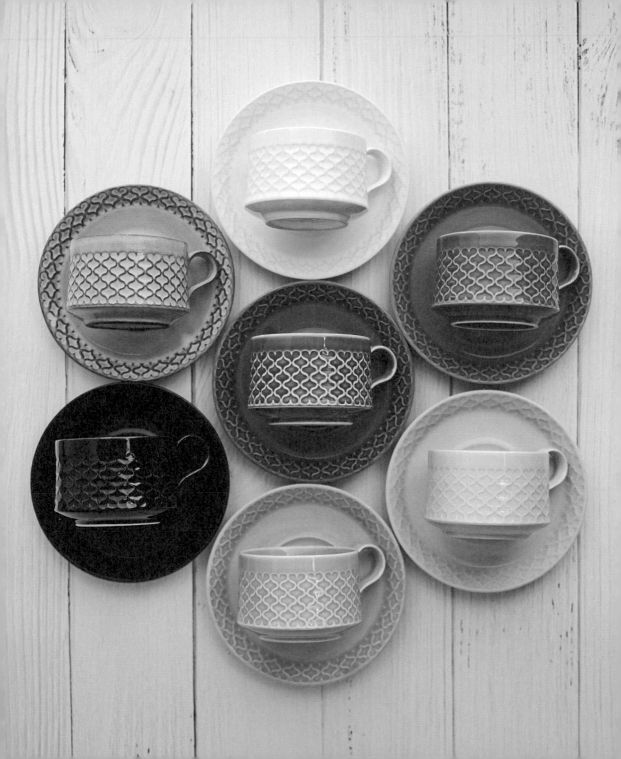

　　後來在灰色的「誠摯」系列基礎上又發行白、奶油白、黑、粉紅、天青藍、紫六款不同顏色，爲有所區別，款式命名改爲「Cordial-Palet」，可解釋爲溫暖、柔和之意，但現在收藏迷將之稱爲「調色盤」。確切生產時間並不確定，一般認爲是在被Bing&Grondahl陶瓷廠收購後才開始量產其他色系，生產時間約在1984-1987之間，以天青藍色系爲最早。「調色盤」的款式設計也較「誠摯」系列簡單，僅有大小尺寸不一的盤及茶壺和咖啡杯、糖奶罐，生產數量也比「誠摯」少上許多，因此六色「調色盤」系列，在市場一皿難求，尤其以粉紅、天青藍、紫色三色最甚。

　「天藍色」和「棕土」雖爲兩個不同系列名稱，但除顏色不同外，從款式設計到浮雕圖案均爲一致，一般會將「棕土」系列自動歸入「天藍色」系列之中，稱之「Umbra-Azur」。兩款器體外表均以李花圖案布滿，充滿東方禪意，「天藍色」爲藍綠色系，「棕土」則爲棕色系。

　　兩系列製作材質與「浮雕」系列相同，採以陶石爲主，內裡另有光潤的白釉，陶石材質介於瓷與陶土之間，因此重量略比瓷器重卻保有陶土的溫潤。但生產數量不多，款式也以下午茶杯盤組合和餐盤爲主，還有罕見的八角盤款式，「天藍色」和「棕土」是目前收藏迷心目中夢幻逸品清單之一。

Cordial 系列的不同顏色作品。

197

「天藍色」與「棕土」系列。

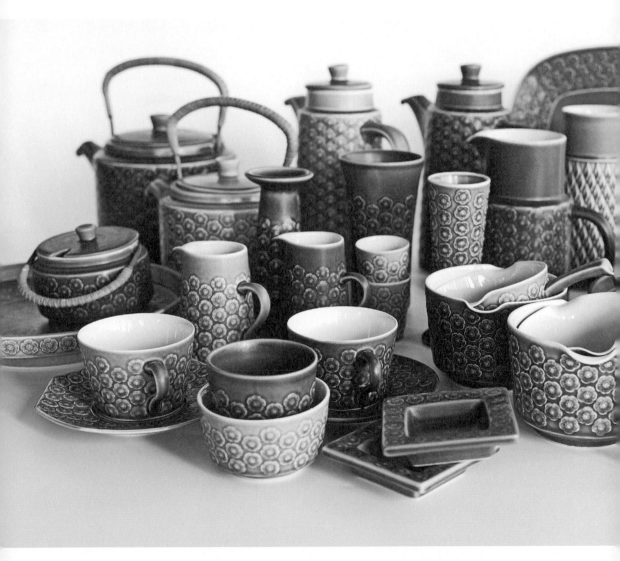

2008年，冬天的大雪還沒來得及離開，這位被譽為丹麥一代奇才的設計大師，卻在這個冬天悄然離世，在他過世前，大家對他的瞭解非常非常的少，他總是埋頭於自己熱愛的設計工作，在他去世前幾個月，他都還在繼續工作，世人只能從他的設計作品認識延斯・哈爾德・奎斯果這個人，很少有機會看到他曝光，甚至連珍貴的黑白照片都是少之又少，直至2009年，斯蒂格・古爾德貝里（Stig Guldberg）出版他為延斯・哈爾德・奎斯果拍攝的紀錄片《獻給我太太的醬汁鍋》（*A Saucepan for My Wife*），為期三年的跟拍，前後拍攝89次，這是第一次也是唯一一次世人對延斯最近距離的認識，透過影片大家可以聽到延斯的聲音，明白他對自己設計的想法，看到他在工作台上的情況。2015年，丹麥海寧當代藝術博物館（Heart-Herning Museum of Contemporary Art）也對延斯做了一次作品的回顧展。

雖然，斯人已遠去，春夏秋冬幾經流轉，秋天的落葉隨著韶光一層又一層的堆疊，延斯・哈爾德・奎斯果留在人間的秋天卻不曾離開。

ADDITIONAL INFORMATION

—

浮標系列底標小記

Kronjyden　1937-1972

　　浮雕系列首批由jyllänska fajans和Kronjyden
陶瓷廠在丹麥蘭訥斯（Randers）開模製造，
Kronjyden陶瓷廠成立於1937年，持續營運到
1972年被Bing & Grondahl接收為止，生產彩
陶與石材產品。1953年，木器廠老闆漢斯·尼
森入股Kronjyden陶瓷廠，1957年木器廠老闆
的兒子理查·尼森促成JHQ與Kronjyden合
作，因此1957-1972這段時間的餐皿底標會同時
有Kronjyden·Danmark（圖1、2）、Nissen·
Denmark（圖3）、或者Kronjyden+Nissen的標
誌，也有些商品只保留單獨廠標（圖4），由一個
字母K和兩個相背對J所組成。

Bing & Grondahl 1853-1987

1972年開始，Bing&Grondahl併購了Kronjyden，Bing&Grondahl是1853年由雕塑家 Frederik Vilhelm Grøndahl和商人兄弟Meyer Hermann Bing、Jacob Herman Bing 三人共同成立，簡稱B&G。七〇年代，工廠持續擴張以因應市場需求，1972年正式接管 Kronjyden陶瓷廠，延斯與PKronjyden的合作也延續成為B&G公司設計產品，「浮雕」系 列在1972年後，並未因Kronjyden倒閉而停止生產，反由B&G公司接續生產。但在1980 年後丹麥開始低價進口外國餐瓷，低價競爭讓B&G公司銷售量持續減少，直到1987年春 天，工廠面臨倒閉危機，1988，年丹麥皇家御用品牌皇家哥本哈根（Royal Copenhagen） 成功併購該公司。少數熱門款項由皇家哥本哈根接手短暫生產，「浮雕」系列便是當時其中一 款三度異主後仍繼續生產的商品。

1970-87年代，B&G的廠標由三座代表丹麥綠色高塔加以簡化成Logo，底部為 Bing&Grondahl的簡稱B&G，外圍環繞一圈文字，分別為Copenhagen Porcelain及Made in Denmark。最後圓圈底部兩橫行：系列名，Stoneware（圖1）或者底部無額外文字（圖2）。

市面上「調色盤」系列應屬於這時期Logo，與圖1相似度很高，卻又略微不同。三個高塔 Logo 和B&G，外圍環繞一圈文字，Copenhagen Stoneware 及 Bing&Grondahl。底部 一橫行：Denmark（圖3）。時間約1984-1987之間。

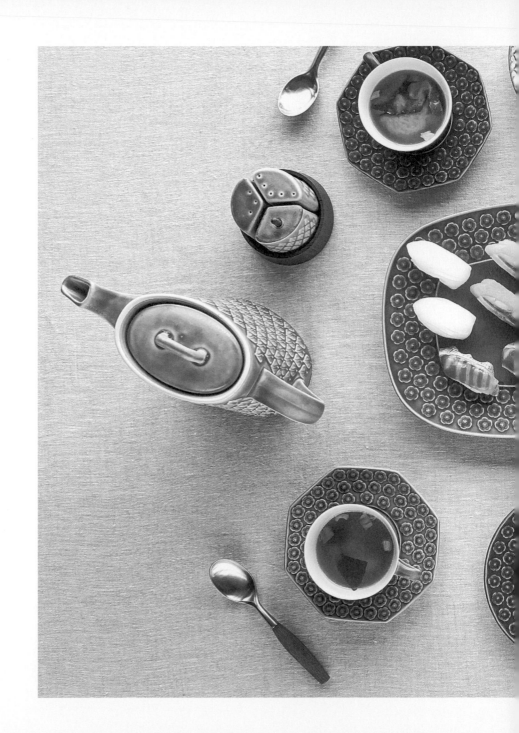

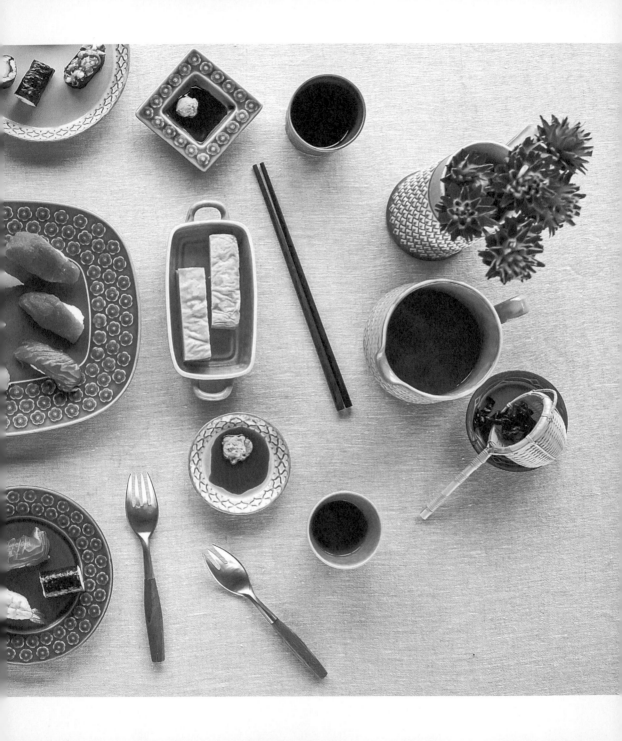

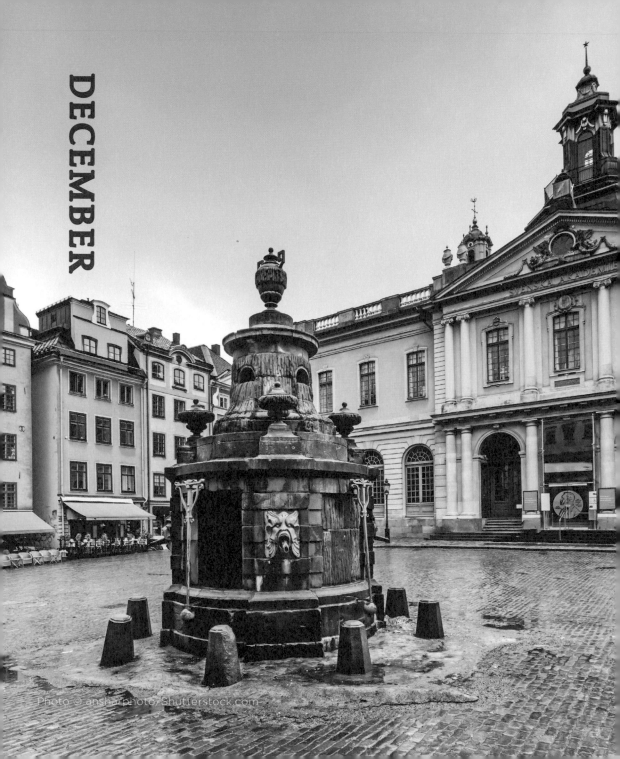

DECEMBER

EMILIA

艾蜜莉亞姑姑的理想國

說到用羽毛和花卉裝飾的華麗寬沿大禮帽，或者只是幾道菱格紋搭配羽毛的短沿帽，第一個會聯想到的是什麼？1910年代，可可‧香奈兒在法國的第一家禮帽店，1958年法國作家湯米‧溫格爾（Tomi Ungerer）筆下的波特夫人（Bodot），1964年奧黛麗‧赫本在〈窈窕淑女〉（My Fair Lady）裡扮演的賣花女和假上流淑女，抑或者茱莉‧安德魯絲在〈歡樂滿人間〉（Mary Poppins）裡的神仙保姆瑪麗‧包萍，這樣的女性形象非常鮮明，且有著一些共同的特色，寬沿大禮帽、精緻繁複的蕾絲長裙、綁帶的中短靴。

若是我們把這個形象鮮明的女士，放進一座百花齊放、有著幾顆蘋果樹、吊床和池塘的庭院裡，三五朋友在花園裡下午茶，有人釣魚、孩子溜冰、還有人躺在吊床上悠閒地看書，拿出簍籃收成庭院裡的蘋果、鮮花，屋內廚房的烤箱正熱烘烘地烤著點心，這是一座夢想樂園，來自芬蘭Arabia瓷器廠知名設計師萊雅‧沃斯金恩（Raija Uosikkinen）筆下的「艾蜜莉亞」（Emilia）系列，這系列也正是她對美國理想國的種種想像。

十二月是瑞典諾貝爾頒獎典禮的季節，相較於世人注目的熱烈眼光，冬季的嚴寒讓斯德哥爾摩大廣場上的諾貝爾博物館略顯蕭索。

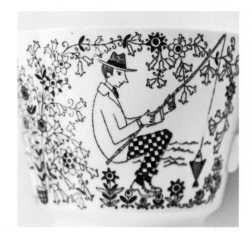

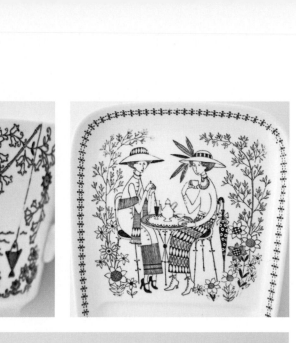

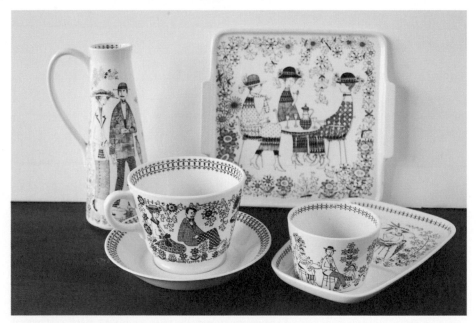

「艾蜜莉亞」器皿上描繪的人物與生活場景活潑生動。

　　萊雅的姑母在她很小的時候就移民到美國，美國對芬蘭人來說是個遙不可及
的國家，小時候的她根本不可能去探望她的姑母，但姑母常會三不五時捎信回
家，可能只是一封家書，或許是一包美國的糖果、玩具，還是幾罐美國罐頭，
對身處芬蘭鄉村的她來說，從小便對美國充滿許多綺麗的想像，美國就是一個
夢想中的理想國，而她住在美國的姑母就是她靈感的泉源。當她長大成爲一個
設計師，她便將自己多年的想像變成一幕幕眞實的圖像，將她移民美國姑母的
種種鄉村生活，化身成她設計作品裡的圖案，帶著插滿花朵的寬沿帽、穿著綁
帶鞋的優雅女士就是她筆下姑母的寫照。

　　或許我們可以這樣說，萊雅・沃斯金恩的艾蜜莉亞就像設計界中的奧黛麗・
赫本，既美麗又優雅，甚至還多了點可愛的風情。

萊雅・沃斯金恩在Arabia的40年歲月

　　萊雅・沃斯金恩於1924年出生在芬蘭霍洛拉（Hollola），1947年，23歲
的她畢業於赫爾辛基藝術與科學大學（Konstindustriella centralskolan i

Helsingfors)的瓷器繪畫班，之後她便一直在Arabia瓷器廠工作，直到1986年，將近四十年的時光裡，她爲Arabia瓷器廠貢獻了她最光輝燦爛的歲月，大概設計出100種不同風格的裝飾圖案，從可愛的小花到纖細的線條，萊雅所追求的並非是一成不變的專屬風格，而是求新求變可以適應各式各樣客戶群的裝飾圖案，但從萊雅眾多的設計作品來說，設計主軸仍以大自然爲她主要的設計靈感，其作品隨手可見各類型庭院花草、蔬果、田野生活。

另外，萊雅的設計風格也有部分受到設計大師卡伊·法蘭克（Kaj Franck）的影響，她在Arabia瓷器廠一開始的工作就是卡伊·法蘭克的助手，當時的卡伊·法蘭克是Arabia瓷器廠的創意總監，一般流程是由他設計出新款的器型，然後交由手下幾位助手輪流設計繪圖，而萊雅就是這樣一個助手的身份，她在Arabia瓷器廠第一項任務就是負責彩繪卡伊·法蘭克所設計的模型B，其作品有「北極星」（Polaris）、「北極花」（Linnea）、「棉花糖」（Hattara）等，其中「棉花糖」更被選爲2017年芬蘭獨立建國100週年紀念圖案，被複刻在馬克杯上。

1948年，萊雅也共同參與了卡伊·法蘭克革命性功能餐具「基爾塔」（Kilta）的部分工作，「基爾塔」在設計界號稱決定芬蘭設計方向的前瞻性作品，將多餘的裝飾全部拿掉，只剩單純簡潔的設計，將器物的機能性凌駕於裝

飾之上，講究器物的耐久性、可輕鬆清洗、方便收納堆疊等功能，裝飾就只剩單純的顏色，沒有其他繁複的圖案，此款設計被評價爲重新定位芬蘭餐具設計概念。只是前所未見沒有其他累贅裝飾的設計作品，並沒有被當時的消費者買單，基爾塔的上市並未造成熱烈的回應，直到1981年Arabia瓷器廠旗下子公司Iittala將「基爾塔」系列易名爲「主題」（Teema）重新推出，並改用更明亮的顏色，才不至於讓這款劃時代的設計消失在歷史的洪荒裡。

另外，由卡伊‧法蘭克設計模型，萊雅負責裝飾圖案的合作模式，另一個較爲特殊也受到矚目的系列，是芬蘭敘事詩的「卡雷瓦拉紀念盤」（Kalevala annual plate），「卡雷瓦拉」是芬蘭的民族史詩，講述芬蘭民族的歷史及其如何從俄羅斯統治下獨立建國，萊雅根據史詩內容設計出24個不同場景的紀念盤，是項極具芬蘭民族精神的設計作品。

卡伊‧法蘭克和萊雅‧沃斯金恩兩人的合作關係，一直有著不錯的販售成績，因此萊雅也就漸漸成爲卡伊‧法蘭克的專屬彩繪師，到最後成爲獨當一面的瓷器裝飾設計師，如：受到伊斯蘭國影響的「阿里」（Ali）系列，和將日常水果變身爲顏色鮮豔討喜的「波莫納」果醬罐、餐盤、砧板系列，也都是萊雅非常受到喜歡的作品。

1.「卡雷瓦拉」紀念盤。2.「阿里」系列,有藍棕兩色,充滿伊斯蘭文化風情的設計。
3.「波莫納」系列果醬罐與小奶壺。

1

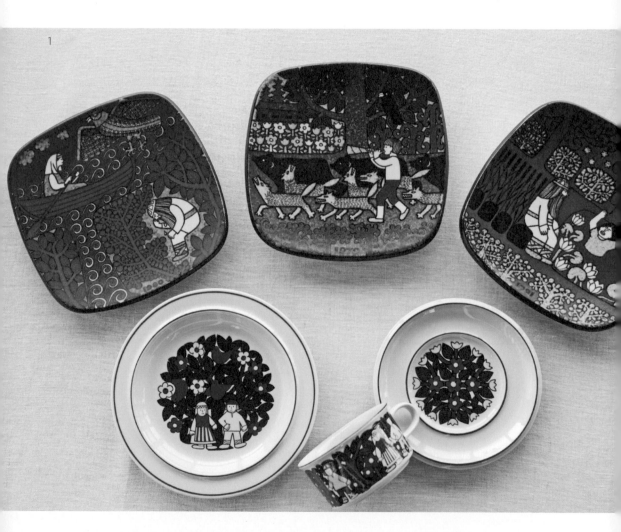

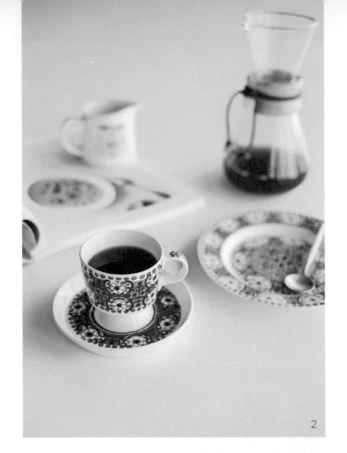

2

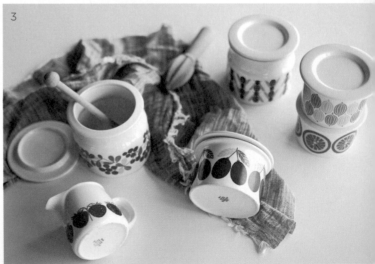

3

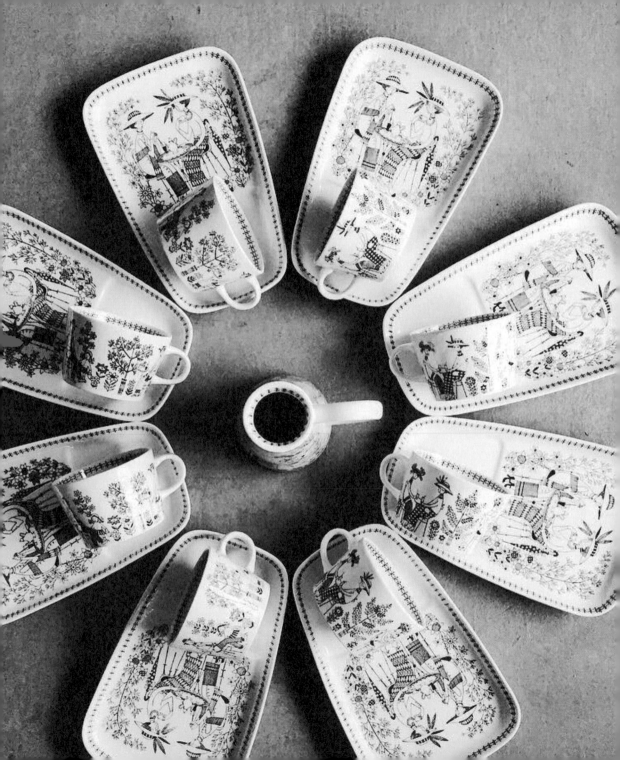

「艾蜜莉亞」充滿家庭溫暖的正能量

　　「艾蜜莉亞」系列的設計，較不同一般設計作品的地方，在於萊雅用了類鋼筆畫的方式描繪。以白瓷為底，用黑色線條描繪出一個又一個艾蜜莉亞姑姑家的場景故事，黑白是設計本身最大的特色元素，一個杯子、一盞水壺、一塊三角盤、一尊方皿，都是一幕幕姑母家的居家生活。這系列作品從1959年開始生產至1966年，15年內商品人氣一直居高不下，除了各式各樣的杯組外、還有三角盤、方皿、小掛盤、花瓶、奶油盒、小盒罐等，款式非常多樣。

　　設計圖案光艾蜜莉亞姑母的午茶聚會就有幾種不同場景，與朋友在群花環簇的庭院裡，在市區某座拱橋旁的咖啡店，絢爛的夏日市區街角某座撐起陽傘的轉角商店，西裝筆挺的男士和仕女席地野餐，吊床上悠閒地躺著一位閱讀小說的仕女，綁帶靴的女士蹬著載滿花束的腳踏車緩緩駛過，庭院裡媽媽整理花圃、孩子嬉戲、爸爸釣魚，一旁還有照顧娃娃的另一位女士，秋日採了蘋果，廚房裡開始忙碌烤個蘋果派。

　　艾蜜莉亞姑母的美國生活，顯然非常忙碌且充實，而萊雅用細膩的筆觸一一展現五〇年代的美國服飾、建築、花卉等細部層面，小至服飾上的一朵花樣到背景建築窗戶的樣式，無一不精細考究，這系列作品散發溫馨的日常生活，孩子、伴侶和朋友往往就是一個個的主題，你可以看到央求媽媽說故事的孩子，

也可以看到一起相約散步的愛侶，餐皿不再只是簡單的食器，而是傳達正面積極能量的生活觀，萊雅認為人的真正生活，是充滿友善、樸實，還要有一點點幽默感。

其實這樣的生活觀也是萊雅自己熱愛的生活模式，當她在 Arabia 瓷器廠工作時，她便常到瓷器廠旁邊的一個小農場親身實踐農場勞動工作，她非常熱愛這種接觸大自然的時光，並認為這樣的親手實踐可以讓她從自然中獲取更多靈感。同時，她也熱愛旅行，足跡踏遍亞洲、美洲，這些都是她不斷創作的靈感來源。從她許多作品裡，都可以輕易看到這些生活的影子，她藉由創作傳達了如何讓自己生命喜悅的動機，也正是如此的正面能量，吸引後來許多有共同生活認同的收藏迷爭相收集她的作品。

在一片花團錦簇的杯海裡，僅有黑白色兩色的「艾蜜莉亞」卻留下永恆的倩影，不管哪個年代，戴著寬沿帽、穿著綁帶靴一直是個讓人著迷的流行時尚，迷人的艾蜜莉亞女孩，傳遞了知足生活的種種愉悅力量，而你，手中的「艾蜜莉亞」故事又是哪一個？

ADDITIONAL INFORMATION

└─┘

「艾蜜莉亞」系列的特別款

　　艾蜜莉亞一般以黑白兩色為主，但在當時也曾推出非常少量不同色系的杯組，屬於收藏界的珍稀款。

　　顏色另有紫羅蘭、綠色、棕三色，圖案完全一致僅有顏色上的區別，目前可以看到僅在單款馬克杯組有這樣的顏色變化，杯組圖案為三個場景構成，小男孩和女孩在聆聽媽媽說故事，推著娃娃車的仕女和另一位女士聊著天，最後一個圖案則為一個女士抱著小嬰兒坐著，而另一旁也坐著一位穿著較為高貴的女士，另一側站著一位年紀較大女孩，另一個年紀較小的女孩則舞動著手中的玩偶。

　　在方盤部分，則另有黑色為底圖案描繪為金色線條系列，更是少數中的少數。

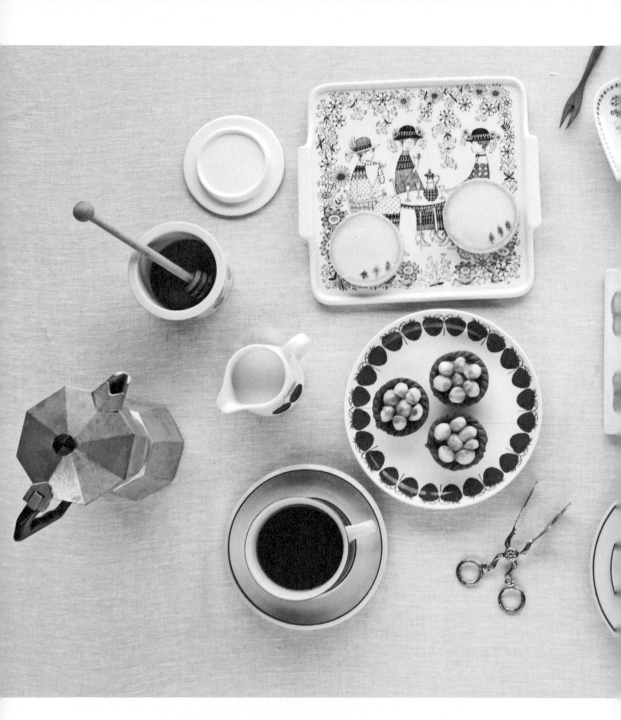

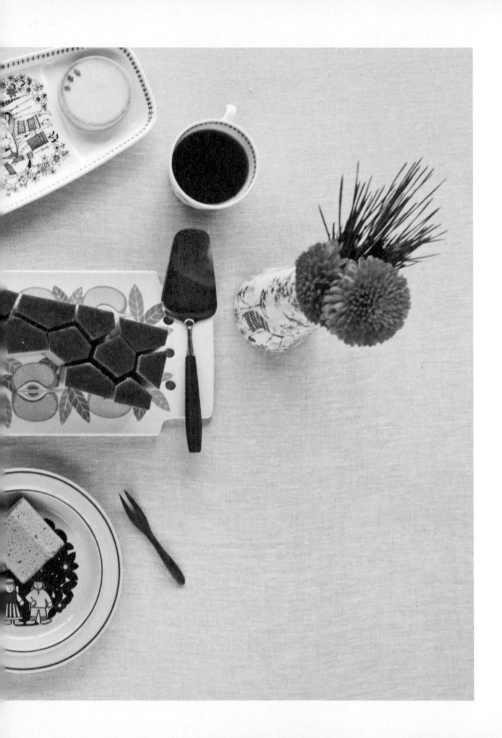

APPENDIX
SCANDINAVIAN PORCELAIN
1

MARKETS & ANTIQUE SHOPS

市集與舊貨店

ASKERSUND ANTIKMARKNAD

瑞典夏日市集

阿斯格順德（Askersund）是瑞典中部偏南一個臨湖的小城市，該市的湖泊為瑞典第二大湖韋特恩（Vättern）北端的一部分。歷史上這個城市曾是一個繁盛的湖港和貿易中心，如今的阿斯格順德已不算是個熱鬧的城市，市中心整體來說不算大，商店也不多，較醒目的地標物是鄰近港邊的紅磚教堂，若你想慢慢逛逛這個城市，大約一個小時內可以走完，絕非是個熱鬧的觀光勝地。

夏季的阿斯格順德較為熱鬧，遊客會來到這裡的湖邊營地露營，更吸引人的是一年一度的戶外跳蚤市集，瑞典全年總有數也數不清的市集可逛，但春夏才是尋舊貨最活躍的時刻，全國各地大大小小的跳蚤市集會在網路上發出消息，而大家也會像趕集一樣，向自己內心最屬意的跳蚤市場趕去。每個跳蚤市場的主題略微不同，有些主打孩子的二手物品，有些則是運動用品，更多是各式各樣的雜貨，阿斯格順德則是主打「古董跳蚤市集」。

這類主打「古董」的跳蚤市集，屬於較專業的舊貨市集，一般去趕集的可能是有個小店面的店主或者大型批貨商，逛這樣的市集很容易讓人有參與盛會的興奮感，雖然網路訊息會告訴你，市集九點開始，但若你想挑到好東西，就得趕在人群還沒聚集、舊貨攤販剛開始擺攤時到。我和我經營古董店的老闆總會估算一下路程，若約兩個小時的路程，那我們就大概五點多啟程，趕在七點多到，往往到時天才微微亮，露珠濕氣還很濃重。

市集從港邊最醒目的大教堂開始，免費入場但當地的市政府會酌收20瑞典克朗（大約75

元台幣）的停車費，從停車場轉出來一段路，輕易就可以看到筆直的馬路兩旁擺滿大大小小的舊貨攤，一望無際地綿延而去，從大型家具、燈具、擺飾到各式各樣瓷器、琺瑯、雜貨，什麼稀奇古怪應有盡有，越過市中心的橋，兩旁河岸也是一簇又一簇攤販，一般攤販正在拆箱上架時，我們便會先快速走一遍，議價的同時順便在心裡盤算待會回頭要買哪幾款，若是深恐萬中選一的好物被搶走，只好果斷決定拿了就走。逛第二回時，有時看中的東西已消失不見，若運氣好點，店家又會擺上新的。每個來挑貨的人心裡都有屬意的東西，若是你看到推著一台簡易推車正一攤一攤挑貨，簡便地將貨物打包上車的，肯定是遠從國外來的買家。

在這種跳蚤市集不像一般不講價的店家，可以稍稍微講一點價，買很多東西時再露出個殷勤的笑臉，問問是否去個零頭或少個幾十塊，大多數是可以的，但千萬別一下砍很多，一般北歐人對於砍對半或者削價的客人非常反感，寧可等到他喜歡的客人也不賣你東西。當然若是你會當地的語言，他們會更加開心，來擺攤的攤販往往也是收藏迷，這種遇上知音可以互聊藏品交流知識的機會，他們都會很樂意和你知無不言、言無不盡。只是逛跳蚤市集要特別注意每一家訂價都略微不同，有時差個幾十塊，有時會差到數百塊，若是新手，千萬不要見獵心喜地馬上掏出錢來。

一個早上我們大概會來來回回仔細一攤一攤逛個三次以上，確定沒遺珠之憾，十一點多我們便會找個地方 Fika 喝喝咖啡、吃個點心，把買來的好東西擺上桌，彼此炫耀一下。也順道

交換訊息，自己看到什麼好東西，對方是否注意到了。這類市集，除了找到完整的好東西，我還喜歡在破雜貨堆裡找不成對的底盤和杯子，這類不成對的舊貨價值往往比較低，很好下手，有時這次在這買到底碟，隔大半年才又找到杯子，對於這種需要等待的配對遊戲，我樂此不疲。

當我們稍作休息時，其實也正是市集湧入大批人群的時候，阿斯格順德的夏日市集大概會有幾百攤舊貨攤販聚集，再加上各地湧入的人群，可能同時會有上千人在這市集裡，基本上，當人群湧入時，我們也準備打道回府去吃個午餐，沿路上大伙都大包小包的，有人扛了燈具有人拿了好幾張椅子，錯身時我們總會相視而笑，在這個市集裡我們都找到最心滿意足的老東西，而這些舊物的好時光也繼續在你們家我們家流傳下去。

若是你也是古董雜貨控，又剛好來到北歐旅行，強烈建議規畫行程來趟阿斯格順德古董市集，你將不虛此行。

GUSTAVSBERG LOPPMARKNAD

瑞典｜古斯塔夫堡跳蚤市場

　　這是瑞典最大的跳蚤市場，雜貨種類繁多，參加的攤販多達400個，瑞典各地民眾常常會特地前往，地點並不固定，不定期在瑞典斯德哥爾摩周邊舉行，如： 斯德哥爾摩國際博覽會（Stockholmsmässan）、古斯塔夫斯貝里（Gustavsberg）、埃理法橫（Älvsjö）等都有，確切時間地點只能常常上網查詢相關訊息。

　　特別規定，若是要提前入場購買，入場費200克朗（大約750元台幣），入場時間早上八點到九點。一般民眾入場時間則是十一點到下午五點，入場費則只需50克朗（大約188元台幣），十五歲以下免費。

照片提供｜謝政宏

ⓦ www.gustavsbergsloppis.se
ⓞ 依網站不定期公布時間，三到四月初及八月的市集最大型。

HÖTORGET LOPPISEN

瑞典｜甘草廣場跳蚤市場

　　甘草廣場位於斯德哥爾摩音樂廳（Stockholm Concert Hall）正前方，只要搭乘地鐵便可抵達，交通便利。一般時間會有農夫市集販售新鮮的農產品，如：正值產季的草莓、白蘆筍、香菇、水果等，價格也比超市便宜。週日除了農產品市集也會有固定的舊貨跳蚤市集，非常適合短暫旅行的遊客排進行程的一個市集，只是市集價格落差很大，有些攤販會因為地點位置絕佳故意哄抬價格，挑選時要特別小心注意。

照片提供｜謝政宏

....

🅐 Hötorget, Stockholm

🅞 週日 08-18

SOLVALLA BAKLUCKELOPPIS

瑞典｜後車廂跳蚤市集

　　類似這樣的後車廂跳蚤市集瑞典各地很多，可以輸入 bakluckeloppis，便可以找到各地的訊息，而斯德哥爾摩體育館的後車廂跳蚤市場則是屬於較大型的，號稱世界最大，最多可以容納1000多輛汽車，25000名民眾。這類型市集販售的舊貨很雜，多屬於自己家裡不要的東西拿出來拍賣，因此書籍和兒童衣物、玩具很多，也會有自己製作的手工藝品或食物，很有挑選和逛舊貨的樂趣，價格也相對便宜。

ⓐ 斯德哥爾摩體育館（Solvalla travbana）
ⓦ www.solvallaloppis.se
ⓞ 五月到十月，依網站公告時間

THORVALDSENS PLADS

丹麥│托瓦爾森廣場跳蚤市集

　　托瓦爾森廣場就在幾個知名觀光景點附近，是個環繞著運河的跳蚤市場，規模並不是很大，但走路便可抵達，且時間固定，幾乎是觀光客必來的跳蚤市場。價格偏貴，但也因為觀光客眾多，因此可以輕易找到不少品質不錯的知名品牌舊貨。

照片提供│謝政宏

🅐 Bertel Thorvaldsens Plads, København

🅞 六月到十月，每週五、六 09-15

FREDERIKBERGS LOPPETORV

丹麥｜腓特烈堡跳蚤市場

腓特烈堡跳蚤市場就在市政廳後方的停車場舉行，地處市中心位置，是非常知名的跳蚤市場，由於地利之便，又有些飲食攤販，深受想邊逛邊吃的觀光客喜愛，物品多是一般家庭用不上的小家具、餐具、衣服、首飾、雜貨等，價格雖然小貴，但比起市區古董街裡的商店還是便宜許多。若在丹麥時間有限，這裡是推薦首選。

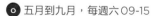

🅐 Frederiksberg Bredegade 13, 2000 Frederiksberg, København

🅞 五月到九月，每週六 09-15

MARKET
SHOPPING TIPS
市集採買教學

及時出門

跳蚤市場競爭非常激烈，最好在舊貨市場攤販還在整理時趁早進場，這樣找到好東西的可能性才會提高。此外也要規畫好交通路線，考慮搭乘何種交通工具最合適，若是想購買笨重的家具類或者一次性採購很大量，租台車自駕是最好的選擇。

決定好尋寶的類型

進入跳蚤市場前，首先要做的事就是決定好最感興趣的主題。例如：到底要找咖啡杯還是雜貨，抑或者黑膠唱片，決定好優先順序。每一個舊貨攤的主題不同，必須在最短時間內快速的篩選，一攤就逛很久，很可能喪失其他更好的選擇機會。

不要感到害羞

跳蚤市場裡的攤商是非正式的店家，所以價格往往很隨意，若你不是專家，沒關係，可以問一下老闆是否可以拍照，隨後即時上網查詢合理價格，知道合適價格後，便可以勇敢提出你覺得合理的價格。當然，可以隨意拿起來查看物品品質。

隨時注意身邊財物

跳蚤市場龍蛇雜處，攤販多逛的人也多，當然這正是扒手下手的好地點，尤其看起來像遊客、會隨身攜帶很多現金的亞洲臉孔，更是宵小窺視的對象，因此將錢包隨身攜帶，或者將財物分開放，大量現金放暗袋，需要錢時再拿出來一些，盡量避免錢財露白。如今跳蚤市場也非常先進，接受信用卡、手機行動支付，不一定需要攜帶很多現金。

殺價最高法則

彼此有點小確幸，但不要讓對方不快，是在市集裡殺價應謹記的原則。跳蚤市場是一個可以殺價的地方，但千萬注意不要抱持一種讓對方見血的心態，畢竟攤販也得到處收貨、整理和繳交現場場地費，85折是跳蚤市場的極限。若與內心價格差太多，可以找下一個獵物，不要浪費太多力氣在殺價上。

MODERNA MAGNUS

老城裡的舊貨店

　　這家店位在老城一個拐角的巷子裡，其實經過多次，每回經過都會撇見店門口那些隨意擺放的破雜貨，一個周邊掉漆的老搪瓷盆、幾本破書、老撲克牌或者幾個配不起來的底盤，印象中我還去翻過幾次。

　　說不上為什麼？我總不敢推開那扇門，進去仔細瞅個幾眼，大概怕推開門，店家的鈴鐺一晃動，我只是好奇隨意看看卻買不下手，彼此都不好意思。

　　我就是這樣一個進去店家，不買點東西出來，便會感到害羞的人。

　　去年初春，我兼經營古董店老闆和他另一位有收藏癖好的朋友約好去斯德哥爾摩的跳蚤市場淘寶，我厚臉皮地說：「我和你們一起搭火車過去吧！」

　　跳蚤市場在斯德哥爾摩南邊 Älvsjö 的一個博覽會館裡，這個會館每年都會有幾次大型的古董拍賣會（ Antikmässan ）或者跳蚤市場（ Loppmarknad ），一般少說也有幾百個攤位，雖然號稱十一點鐘開始，但一般我們都會提早一兩個小時到，搶在人群湧進、攤販才剛開始擺起攤時挑貨、詢價，然後趁快下手。那天我們在人群大片大片湧進時，便揹著行囊離開了。

　　老闆的朋友順道規畫了幾個集中在老城巷道內的古董店。斯德哥爾摩的巷弄古樸美麗，兩排房子大約都三四層樓高，走離主要道路後，店家不是那樣多，天光從天際落下，讓這條青石磚路不是那樣幽暗，多點想像或許你還可以聽到從另一個時空傳來車馬的達達馬蹄聲。

　　跟著逛了一家店覺得不甚有趣，推門出來吹吹風，不一會兒見老闆也踱出門，我跟著他走在後頭，撇見一家小到不能再小的古董店，店家角落那些破爛玩意，我倆有志一同蹲下來翻

看，我老闆問到「進去瞧瞧，你進去過嗎？」我回答「經過好多次，第一次來斯京便瞧見過，但總沒敢轉進去。」

推開門，門鈴一晃動，店面非常小，裡頭擺滿北歐餐瓷，大概一個房間大的店鋪，除了餐瓷也賣點家具和燈具，陶器花瓶也有，一櫃又一櫃，擺得快頂到天花板，連走路空間都有點窘迫，眼睛瞬間亮了心也激動起來，好幾款都是收藏級逸品，墊起腳拿起高櫃某個杯子，這不是心心念念還沒收藏到，一口難求的珍稀品嘛！看看價格又放了回去，每一口都是這樣，看看價格盤算盤算，又放回原處。

我老闆走上前說：「就挑個最喜歡的，雖然貴了點，總比遺憾回家好。」

挑了幾款很難尋的，等著付錢，剩餘帶不走的就那樣不捨地東摸摸西蹭蹭，店老闆 Magnus 看我挑的貨笑了，直說我貨挑得準，都是目前不易見到的款了，雖不是個個是名家但選物眼光很好，我覥覥笑笑心裡卻也喜孜孜的，店老闆自動折了點錢，看我一直摸個茶系列（ Tea Röd ）小奶罐，他隨手擺進我的袋子裡，說缺了個很小的邊角，送你吧！

這位店老闆也是瑞典知名《復古》雜誌（ Scandinavian Retro ）的創辦人，是個瘋狂的北歐復古雜貨收集狂，平日有另一份工作，但週五到週日經營著這家小小的古董店，也因為這些收藏，創辦了《復古》雜誌介紹這些藏品，目前隱身幕後成為雜誌社顧問。喜歡這家小小，卻藏滿收藏家心意的小店，若你有到斯京，又對舊貨有興趣，請務必到這走走。

ⓐ Köpmangatan 9 ,111 31, Stockholm

ⓦ modernamagnus.com

BACCHUS ANTIK

Bacchus Antik是北歐復古迷一定得來朝聖的店，店主從1978年便開始專注收藏二十世紀以來經典的北歐設計，不限餐瓷、雜貨，還包括家具和燈具等，在這裡你可以輕易找到如雷貫耳的品牌和大師作品，彷彿是一家北歐經典家居博物館，而不只是一家店。最讓雜貨迷瘋狂的是店內有一整面擺滿各式經典難尋的杯牆，若你的口袋夠深，這裡應該沒有你找不到的珍品。

照片提供 | Keiko Olsson

- ⓐ Upplandsgatan 46, 113 28 Stockholm
- ⓦ bacchusantik.com
- ⓞ 平日12-18，週六11-16，週日休

RÖRUMS RETRO

Rörums位於瑞典南邊一個非常小的小鎮，但若你夠耐心循線開去，你就可以找到這家藏滿夢幻逸品的小店，住家一側隔出兩個小空間，堆得滿滿的餐瓷和燈具，行走時得絕對小心，老闆Mikael和老闆娘Jessica是瑞典老件餐瓷收藏界非常知名的夫妻檔，尤其是Gefle陶瓷廠的絕版品在這絕對還有幾口讓你淘寶。唯一的缺點是本店為住家兼店面，地點又相當偏僻，開店時間不固定，推薦可以到他們另一家分店，設在IKEA的總部Älmhult，裡面一樣有很多豐富商品。

- ⓐ Norra Torggatan 7, 34330 Älmhult. Rörums byaväg 58, 272 95 Simrishamn
- ⓞ 週三 - 五11-18，週六11-14（Älmhult店），Rörums（本店）看公告

GUSTAVSSONS KURIOSA

Kent 是 Gustavssons kuriosa 老闆的名字，這家古董店在距離斯德哥爾摩約兩個多小時車程的林雪平小鎮，但卻是日本收藏客必訪的採購點，甚至吸引日本電視台採訪。小小店面一週只開兩天，號稱老闆的興趣兼職，充滿讓人驚奇的豐富收藏，除了老闆最精彩的各式花瓶與掛畫收藏，也有許多精彩的品牌設計商品，從瑞典 50-70 年代的諸多有趣家居商品都可以在這家店看到。如果你說這是家古董店，老闆會告訴你：不，才不是古董店，只是有趣藏品店，但他只收好東西。

ⓐ Kagagatan 6, 58437, Linköping　　ⓞ 週六 11-16，週日 11-15

PRYLO RETRO

　　店老闆Hasse是個穿著打扮很時尚的潮老爹，光看他每回抓著很酷的髮型搭配上長長落腮鬍，就知道這家店和他一樣絕對有自己的選物品味。這是在北雪平一家獨具在地品味的古董店，店老闆經常在IG發表自己的收藏品，粉絲量還不少。藏品比較少量且雜，家具、燈具、陶瓷器、玻璃皆有，價格實惠，是個值得一去的小古董店。

照片提供｜Hasse（Prylo Retro）

 Hospitalsgatan 7, 602 25 Norrköping　　週四、週五12-18，週六11-14

STORE

SHOPPING TIPS

舊貨店採買教學

殺價原則

在北歐購物，店家一般都是不二價，最好不要主動議價。但若你購買的物品非常多，還是可以要求減價，去零頭或者95折，店家的折扣極限是9折。

走動時特別小心

北歐沒有地震且店家租金昂貴，所以店面都小小的，商品卻疊得快到天花板那麼高，當你專注挑選時，千萬注意隨身包包別不小心鉤到商品，毀損得照價賠償。

確認開店時間

這類的舊貨古董店一般是老闆兼職開店，因此開店時間並不固定，且往往不是每天營業，計畫前往時，請確認營業時間，以免撲空，影響了整個旅遊或是採買行程。

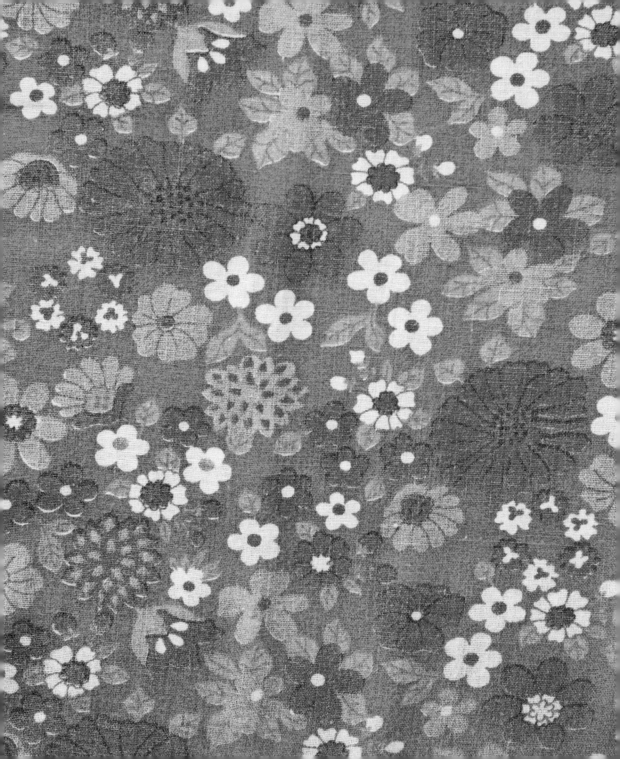

APPENDIX

2

SCANDINAVIAN PORCELAIN

CLASSIC CUPS COLLECTION

北歐餐瓷品牌經典杯款

ARABIA

① 星期天　　　Sunnuntai

年代 1971-74年

圖案設計師 Birger Kaipiainen

器型型號 BK

尺寸 杯口徑9cm，高7cm，容量250ml

「星期天」是瓷器王子皮爾格所設計、著名BK器型中的其中一個系列，與第一批「天堂」系列幾乎同時期發行。但由於「星期天」系列並未再版，因此發行年份僅在這幾年，且數量非常稀少。共有黃紅綠三色，以黃色最著名，盤面圖案最完整，以亮黃幾何圖案組成花瓣與點狀花蕊，杯組取部分圖案而成。紅綠二色則少花蕊圖案，圖案更簡。

② 天堂　　　Paratiisi

年代 1969，1971-74年

圖案設計師 Birger Kaipiainen

器型型號 BK

尺寸 杯口徑9cm，高7cm，容量250ml

「天堂」是皮爾格設計的餐瓷作品中，目前最廣為人知的系列，前後共再版三次，目前仍有復刻版生產，亞洲收藏迷將這系列稱之為「碩果」。碩大又流暢的線條，華麗耀眼的色彩，向天際展開橄欖綠的枝芽、銘黃的蘋果和梅李，末梢延展出藍紫色葡萄及浪漫的紫羅蘭，一片欣欣向榮充滿生命力的景象。

❸ 青鳥　　　Sinilintu

年代 1966-75年
圖案設計師 Raija Uosikkinen
器型型號 KX5
尺寸 杯口徑9.3cm，高9cm，容量450ml

Sinilintu，芬蘭語的「青鳥」，傳說青鳥將帶來幸福，遇見青鳥也將得到幸福。萊雅·沃斯金恩的青鳥系列，由色澤極豔的鈷藍釉彩一色到底，由畫筆的塗實與空白形成顏色濃淡不同。三隻尾羽被鮮花圍繞華麗展翅的青鳥，恰好環繞杯身一周。特別之處，此杯組容量是北歐少見之大，容量達450毫升。

❹ 艾蜜莉亞　　　Emilia

年代 1957-66年
圖案設計師 Raija Uosikkinen
器型型號 MB
尺寸 杯口徑8.9cm，高6cm，250 ml，底盤22.3×14.5cm

「艾蜜莉亞」是設計師萊雅非常知名的一個系列，作品僅有黑白兩色，以類鋼筆觸描繪出遠在美國艾蜜莉亞姑姑家的生活場景，每個杯盤器皿到花瓶，都有不同的人物及主題，這款器型由卡伊·弗蘭克所設計的 Tv Set，搭配250毫升咖啡杯，方形長盤還可放置點心。不過這系列因年代久遠及工藝製程問題，易有釉裂情形。

⑤ 番紅花　　Krokus

年代 1978-79年
圖案設計師 Esteri Tomula
器型型號 EH
尺寸 杯口徑7.8cm，高6cm，容量160ml

艾斯特·湯姆拉以描繪植物生動自然的姿態聞名，設計作品常見女性顧客喜愛的花卉，其設計採用輪廓印刷及細節手繪上色，擁有極細膩的精細度。「番紅花」，為北歐春天最具代表性的花卉，許多設計師均會以此花卉作為裝飾圖案，Arabia這款Krokus，生產時間僅兩年，數量相對稀少，共有綠藍白、灰白、黑白三色款。

⑥ 櫻桃　　Kirsikka

年代 1975-79年
圖案設計師 Inkeri Leivo
器型型號 EH
尺寸 杯口徑7.8cm，高6cm，容量160ml

「Kirsikka」為芬蘭語的「櫻桃」之意。設計師英格里·雷沃的設計一向走顏色明亮，簡單優雅的路線，「櫻桃」是她極少數用色對比強烈的作品。在白色背景上，繪製一串剛採下來的鮮紅櫻桃，新鮮的蒂頭上還留著翠綠的梗，紅綠鮮明的搶眼配色一直擁有很高人氣。此系列另有較少見的白櫻桃。

⑦ 莊園　　Kartano

年代 1973-76年
圖案設計師 Esteri Tomula
器型型號 EH
尺寸 杯口徑7.8cm，高6cm，容量160ml

「莊園」系列是設計師艾斯特少數非花草系列設計，以一條簡單的直線貫穿規則並排的圓點，以1：4：1，和4：4方式間隔排列，組合出非常優雅簡約的圖案，襯著乳白色的瓷底，彷彿一串串溫馨可愛的珠簾。此款設計目前舊貨市場並不常見，屬非常稀少款。

⑧ 法恩札　　Faenza

年代 1973-77年
圖案設計師 Inkeri Leivo
器型型號 EH
尺寸 杯口徑7.8cm，高6cm，容量160ml

「Faenza」系列曾榮獲義大利「法恩札」（Faenza）國際陶瓷展覽會金獎，因而以此命名。整個杯面上佈滿一朵朵形體不一的小花，巧克力色花瓣白花蕊，像撒了一地的巧克力小花。「法恩札」的設計溫馨可愛，且與日本風格近似，因此在日本擁有特別高的銷售量。另有深邃的鈷藍色。

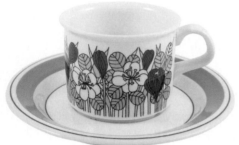

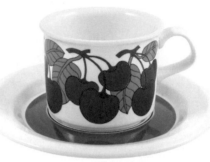

5	6
7	8

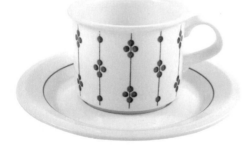

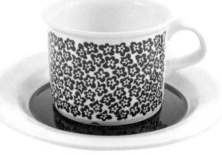

⑨ 太陽　　　　**Aurinko**

年代 1973-74年

圖案設計師 Esteri Tomula

器型型號 BR

尺寸 杯口徑7cm，高6cm，容量140ml

Aurinko，芬蘭語的「太陽」，採用 Arabia非常流行的BR器型，以四朵明亮鮮黃的大花裝飾杯身，搭配繪有相同圖案的底盤，以強烈用色來表現陽光的溫度和溫暖，無疑是抑鬱幽暗寒冬中的一款小暖陽，深受當時與現在顧客熱愛。此系列為目前Arabia杯皿中最搶手的珍稀品。另有藍色系款。

⑩ 安娜　　　　　　　　**Anna**

年代 1960-70 年代

器型型號 BR

尺寸 杯口徑 7cm，高 6cm，容量 140ml

Arabia 同時有兩款命名為「安娜」的系列，一款為萊拉·哈卡拉（Laila Hakala）所設計，這一款設計師則未留下記錄。杯皿圖案以明亮的銘黃色描繪出像牽手般的連續花朵，花朵和花朵間又連接著一根凸出的綠色小花球，像小女孩般俏皮可愛。底盤一圈圖案與杯皿圖案兩兩呼應，盤底中間留白，非常清爽。發行時間短暫，數量稀少，另有淡紫色款，數量更是缺稀。

⑪ 波爾卡圓點　　　　　**Pop**

年代 1960 年代

器型型號 BR

尺寸 杯口徑 7cm，高 6cm，容量 140ml

波爾卡圓點是芬蘭設計中很常被使用的圖案，不管在哪個年代，波爾卡圓點設計就是一種復古流行，極簡卻傳遞了一種溫馨舒適可愛的氛圍，目前收藏界稱此系列「Pop」，以固定模版技術，將同樣圖案從頂端到底部上釉，不同顏色的水玉點點，一直是收藏「Pop」人的重要樂趣，目前被發現共有七色，藍、深藍、綠、深綠、黃、粉紫、粉橘。

⑫ 瓦倫西亞　　　**Valencia**

年代 1960-2002年

圖案設計師 Ulla Procopé

器型型號 ND

尺寸 杯口徑7.5cm，高4.8cm，容量100ml

「瓦倫西亞」是西班牙一處從十三世紀便開始以燒陶聞名的區域，烏拉‧波克的設計靈感便來自當地的陶器設計，復古的高腳杯造型、鈷藍深邃幽渺的異國情調，展現不同以往的風格，Arabia經典代表。特殊之處為圖案完全手繪上色，每一款均不相同，1960年代產品底部有設計師簽名，更具價值。熱銷生產，直到2002年才真正停止生產。

⑬ 楊柳　　　**Paju**

年代 1969-1973年

圖案設計師 Anja Jaatinen-winqvist

器型型號 ND

尺寸 杯口徑7.5cm，高4.8cm，容量100ml

「楊柳」，此系列是安雅在「瓦倫西亞」同樣器型的另一傑作，一樣是純手繪圖案，乍看之下只是大的淺紫色和小的深藍色半圓組成，但若從遠處觀看，便可看出山巒起伏和被遮蔽住的柳樹身影，是一個充滿抽象想像的作品。「楊柳」在目前市場上是罕見的系列，另有黃色遠山深藍色樹影的色系組合。

⑭ 四對舞　　　　**Katrilli**

年代 1975-1977年

圖案設計師 Ulla Procopé

器型型號 ND

尺寸 杯口徑7.5cm，高4.8cm，容量100ml

「四對舞」是芬蘭一種民間舞蹈，而
Arabia以「四對舞」命名的系列有兩款，
此款為烏拉‧波克所設計，以蓮花圖案為
主，採用沉靜的棕色系，杯身六朵蓮花
看似相同卻又都些微不同，一字排開展
現形象的立體感，非常受到日本收藏者喜
愛，尤其以同系列外沿一圈盛開的「蓮花」
（Katrilli）餐盤最受歡迎。

⑮ 100週年　　　　**100**

年代 1973年

圖案設計師 Esteri Tomula

器型型號 BE3

尺寸 杯口徑8.7cm，高7.5cm，容量260ml

1973年，Arabia品牌成立一百週年，特
別推出由艾斯特‧湯姆拉所設計的100週
年紀念杯，杯皿容量較大，同時推出裝飾
圖案類似但杯型較小的「Gardeni」（梔子
花）系列。大大小小的花朵繁盛地開展在
杯皿之上，其中的亮點便是深藍色的花與
花間不盡相同的細膩，且底盤擁有相同的
繁花簇擁，又無一般底盤的凹痕設計，可
兼用做點心盤的巧思，另有棕色系。

⑯ 珊瑚　　　　　Koralli

年代 1983-87年
圖案設計師 Raija Uosikkinen
器型型號 S
尺寸 杯口徑7cm，高7.7cm，容量160ml

「珊瑚」，採用烏拉‧波克設計的厚實器型，由萊雅‧沃斯金恩手繪圖樣，圖案設計如同其名，以溫柔的粉藕色為底色，花卉圖案則採較深的三瓣珊瑚色花瓣包裹灰藍色的花心，往下延展出棕色的花梗，彩繪圖案讓此款設計充滿平靜且溫暖，是幾款類似的手繪系列中最受歡迎一款，數量上卻是最少。

⑰ 湖泊　　　　　Uhtua

年代 1982-99年
圖案設計師 Inkeri Leivo
器型型號 S
尺寸 杯口徑7cm，高7.7cm，容量160ml

此款器型由烏拉‧波克所設計，除厚實器型不容易嗑到缺角外更具保溫效果，非常受到當時設計師熱愛而發展出不同花色，而「湖泊」則是英格里‧雷沃的圖案設計。透過一條收緊略為黯淡的藍色來代表湖泊，米色和黑色細線構成安詳寧靜的邊境。清新而平靜，是一種代表芬蘭的顏色，夏天涼爽冬天卻感到溫暖的藍。

⑱ 秋色　　　　　Ruska

年代 1961-2000年
圖案設計師 Ulla Procopé
器型型號 S
尺寸 杯口徑7cm，高7.7cm，容量160ml

「秋色」是Arabia器型S中最具生產力的系列，價格便宜、耐高溫能進烤箱，且透過獨特的褐色釉藥，每一件器皿都燒出獨一無二的秋色，黃赭色、紅茶色、深褐色、黑色等。長達40年的持續生產，品質始終維持相同的溫潤質樸，幾乎每個芬蘭家庭的餐桌上都會擁有一套「秋色」，足見大眾喜愛程度。

⑲ 阿里　　　　　Ali

年代 1961-73年(藍色)，1963-69年(棕色)
圖案設計師 Raija Uosikkinen
器型型號 FC
器型設計師 Kaarina Aho
尺寸 杯口徑7cm，高6.5cm，容量110ml

「阿里」伊斯蘭國聖人名，亦是中東地區常見的男子名，此系列的設計發想便起源於伊斯蘭圖騰。繁複而華麗的裝飾，以貼花加手繪加工的技術，讓「阿里」的異國情調格外耀眼。此系列外型獨特，梯形高腳杯造型，藍、棕兩色系，棕色系印刷網點感較強烈，把手處亦有彩繪。

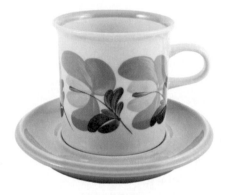

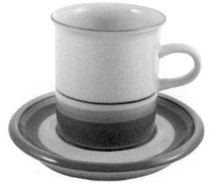

16	17
18	19

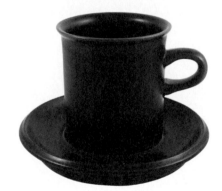

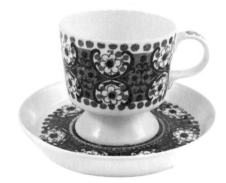

⑳ 魔幻　　　　　Taika

年代 1976-79年
圖案設計師 Inkeri Leivo
器型型號 M
器型設計師 Anja Jaatinen-Winquist
尺寸 杯口徑8.5cm，高7cm，容量240ml

Taika，芬蘭語「魔幻」之意，北歐寧靜漆黑的森林裡，不知名的蔓藤露出金沙顏色的果實，僅有線條輪廓的漿果，暗色系的漿果葉脈、營造出神祕森林裡某個深處的夢幻氣氛，釉料實則深藍近似於黑，杯沿的一圈淺棕色，反讓整體明亮起來，器身厚實堅固，不易有嗑角。

㉑ 米瓷　　　Rice Porcelain

年代 1950-74年
圖案設計師 Friedl Holzer Kjellberg
器型型號 FK
尺寸 杯口徑8cm，高6.6cm，容量160ml

此系列並沒有特別的系列命名，一般稱為「Rice Porcelain」，也就是「米瓷」，米瓷是Arabia很罕見的米粒燒作品，設計靈感來自中國名瓷。米粒燒的製程繁複工法講究，先在骨瓷杯體刻出設計好的圖樣小孔，以800度低溫素燒，上好釉藥，再進行第二次1400度高溫燒製。杯體薄如蛋殼、鏤空的小洞被釉藥填滿後薄到透光，底部的Arabia印記為手工刀刻。

㉒ 多利亞　　　　　　Doria

年代 1964-71年

圖案設計師 Raija Uosikkinen

器型型號 DG

器型設計師 Richard Lindh

尺寸 杯口徑6.3cm，高5cm，容量120ml

「多利亞」源於希臘語，有來自海洋上帝的禮物之意，杯身以淡藍色帶著枝葉的小果子佈滿，倘佯在同樣淡藍的杯碟上，傳送了來自海洋的清涼。此系列採輕巧薄透的骨瓷材質，整個形式兼具可愛和優雅的姿態。此系列另有姊妹款，為金色系的「帕拉斯」（Pallas）。

㉓ 植物群　　　　　　Flora

年代 1979-81年

圖案設計師 Esteri Tomula

器型型號 S

器型設計師 烏拉‧波克

尺寸 杯口徑7.5cm，高5cm，容量150ml

擅長描繪植物姿態的艾斯特‧湯姆拉，「植物群」也是他的一件經典作品，杯皿上一一描繪了紫羅蘭、鈴蘭、蒲公英、櫻木等植物最柔軟搖曳的姿態，讓春天的氣息在杯皿間展開，給人一種溫柔又閒適的氣氛。此系列器型共有三種款式，寬大、中長及小杯，器身均非常厚實，不易毀損。

24 鴨　　　　　　　　**Sotka**

年代 1970-74年

圖案設計師 Raija Uosikkinen

器型型號 E

器型設計師 Göran Back

尺寸 杯口徑6cm，高6.8cm，容量220ml

「Sotka」，芬蘭語「鴨」，但並非取鴨子的原型繪圖，而是以似花瓣又似羽毛的抽象圖象表現，獨特手繪深藍色鈷藍釉料，展現出宛如星空般深邃的藍。在杯型設計上，手取的三角形握把讓厚實的杯組更易拿取，為器型E杯型絕妙之處。

25 艾哈邁德　　　　　**Ahmet**

年代 1968-71年，1973年

圖案設計師 Raija Uosikkinen

器型型號 E

器型設計師 Göran Back

尺寸 杯口徑6cm，高6.8cm，容量220ml

「艾哈邁德」為中東地區常見姓和名，此系列可算是萊雅繼「阿里」系列後另一個展現伊斯蘭文化的代表作。淺藍色的花瓣、深綠色的花心，青藍色藤蔓式枝葉將四朵花環成一個迴圈，迴圈與迴圈相互連接，有點土耳其磚花的感覺，既繁複美麗又不脫可愛。此杯型同樣採器型E，手取之處較為特殊。

26 幸運草　　　　　Apila

年代 1971-74年，2006-2010年

圖案設計師 Birger Kaipiainen

器型型號 BK

尺寸 杯口徑8.8cm，高6.5cm，容量250 ml

傳說中能找到四片葉子的酢漿草便能得到幸福，因為這個傳說，皮爾格的「幸運草」系列在亞洲異常搶手，以綠色酢漿草搭配淺綠的酢漿草花球，錯落有致地散落在杯面上，彷彿甜甜的幸福味飄散在空氣中。幸運草生產時期與「天堂」系列相近，產量稀少，在舊貨市場上一貨難求，價格十分昂貴，直至 2006-2010年間再度量產。

27 大花　　　　　Isokukka

年代 1969-1971年

圖案設計師 Esteri Tomula

器型型號 BR

尺寸 杯口徑7cm，高6cm，容量140ml

「大花」是艾斯特設計作品中堪稱最豔麗的一款，黑色雄蕊環簇粉紅雌蕊，大花瓣則是鮮紅色搭配黑色線條，黑色花莖接連著宛如銀杏狀的黑色線條花葉，紅與黑的對比，讓這款杯皿異常絢麗。「大花」系列發行時間短暫，因此舊貨市場並不常見它的身影。

KRONJYDEN

① 天藍色   **Azur**

年代 1960-80 年

圖案設計師 Jens Harald Quistgaard

尺寸 杯口徑 8.8cm，高 6.2cm，容量 210ml

生產公司 Kronjyden（Nissen），
Bing&Grondahl

JHQ 的這款「天藍色」小花，是浮雕系列中生產數量最少也最為罕見的系列，器體通體藍綠色布滿李花圖案，頗有桃花源隱世而居的氣息。材質採以陶石，內裡則另有光潤的白釉，器皿質地介於瓷器與陶土之間，保有了陶土的溫潤感。款式以下午茶杯盤組合和餐盤為主，另有罕見八角盤款式，深受收藏迷喜愛。

② 棕土   **Umbra**

年代 1960-80 年

圖案設計師 Jens Harald Quistgaard

尺寸 杯口徑 8.8cm，高 6.2cm，容量 210ml

生產公司 Kronjyden（Nissen），
Bing&Grondahl

「棕土」與「天藍色」雖為兩個不同系列名稱，但除顏色不同外，從款式設計到浮雕圖案均為一致，一般會將「棕土」系列自動歸入「天藍色」系列之中，稱之「Umbra-Azur」。兩款器體外表均佈滿李花圖案，充滿東方禪意，「天藍色」為藍綠色系，「棕土」則為棕色系。

③ 浮雕　　　　　　　　Relief

年代 1960-80年
圖案設計師 Jens Harald Quistgaard
尺寸 杯口徑7.7cm，高5.9cm，容量220ml
生產公司 Kronjyden（Nissen），
Bing&Grondahl

延斯從1959年開始繪圖製作「浮雕」系
列，陸續發展出60多件不同產品，設計
風格穩重中帶點北歐森林的童趣，以葉片
造型浮雕排列，顏色以黃土色為主色，有
單圈、複圈、佈滿空間及類藤蔓排列，另
有搭配綠釉、白釉不同顏色組合，手工上
釉讓每件作品呈現色澤不同的變化，是市
場常盛不衰款，另有棕、綠、藍、黑其他
色系的籐把糖罐，均為珍稀款。

④ 盧恩　　　　　　　　Rune

年代 1960-80年
圖案設計師 Jens Harald Quistgaard
尺寸 杯口徑8.2cm，高5.8cm，容量220ml
生產公司 Kronjyden（Nissen），
Bing&Grondahl

「盧恩」是中古世紀歐洲一種失傳的古老語
言文字，在北歐某些地方都還保留著紀錄
這文字的碑文，延斯取「盧恩文」的符號
文字形象簡化成菱形、曲線和線條，成就
這款「盧恩」系列，通體綠黃色，樸質素
雅，餐盤設計較特殊，增添淺黃色浮雕讓
整體色彩層次更分明。盧恩文字也被用在
占卜之上，傳說擁有神祕的力量。

⑤ 誠摯　　　　　**Cordial**

年代 1969-87 年代

圖案設計師 Jens Harald Quistgaard

尺寸 杯口徑8.2cm，高6cm，容量220ml

生產公司 Kronjyden（Nissen），
Bing&Grondahl

「誠摯」系列，以灰色為最早的主打設計，款式最多最全，多樣性僅次於「浮雕」系列。每一款造型均十分雅緻，尤其在壺身上特意做出陶藝難以展現的腰身，通體泛著純色水潤近似緞光澤的釉光，以重複的幾何壓花圖案，連接上下圍成一圈的愛心紋樣，正呼應這系列名稱「誠摯」，蘊含「誠摯的心」的寓意。

⑥ 調色盤　　**Cordial-Palet**

年代 1984-1987 年代

圖案設計師 Jens Harald Quistgaard

尺寸 杯口徑8.2cm，高6cm，容量220ml

生產公司 Bing&Grondahl

在灰色的「誠摯」系列基礎上又發行白、奶油白、黑、粉紅、天青藍、紫六款不同顏色，為有所區別，款式命名改為「Cordial-Palet」，可解釋為溫暖、柔和之意，但現在收藏迷將之稱為「調色盤」。這幾款顏色在當時丹麥質樸的食器市場，造成極大轟動，因為異色款的生產數量不多，目前奇貨可居，是北歐食器中漲幅最驚人的品項。

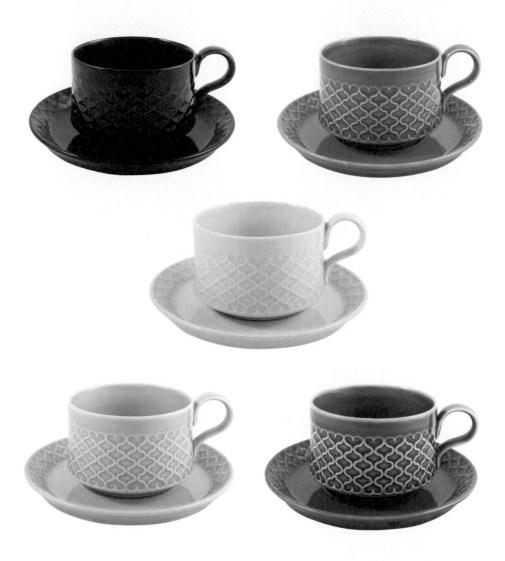

1 樂天　　　　Lotte

年代 1962-85年代

圖案設計師 Turi Gramstad Oliver

器型型號 Nordkapp、
Vulcanus、Gourmet

尺寸 杯口徑9cm，高8cm，容量240ml

圖里是Figgjo的主力的設計師，1960年之後的設計作品多出自圖里之手，大家稱之為從Figgjo來的神話設計師，她將挪威鄉野迷幻的傳說故事，如假似真地在餐瓷上一一展開，「樂天」是她第一個作品。利用簡單藍色線條，搭配紫色、橄欖綠、藍色塗色，勾勒出一個個樂天和薩穆埃爾的愛情故事。

2 市場　　　　Market

年代 1966-70年

圖案設計師 Turi Gramstad Oliver

器型型號 Nordkapp、Vulcanus、Gourmet

尺寸 杯口徑7.5cm，高7cm，容量180ml

「市場」是圖里繼「樂天」系列的第二套故事設計，圖案以綠色線條為主軸，塗色則用橄欖綠、土黃、深綠色三色，生動描繪出一個個鄉村市集的生活景象，畫面裡運用大量的花朵來裝飾人物的衣帽，不管是杯子點心盤或茶壺都有不同人物情境，市場裡的小販、採買者活靈活現，就像兒童繪本愈看愈精彩有趣。

③ 雛菊　　　　Daisy

年代 1969-75年

圖案設計師 Turi Gramstad Oliver

器型型號 Nordkapp、
Feistein、Vulcanus

尺寸 杯口徑7.7cm，高6.6cm，容量180ml

「雛菊」，是另一個最具人氣的系列，以非常簡單的構圖，將雛菊繁盛開展的鮮明形象以衝擊視覺之姿，完全打動顧客的心。白色花瓣橘黃色花蕊再以紺青色為底，藍白橘三色讓人感受到70年代輕快愉悅的氣氛，是圖里在故事系列外另一個代表作，如今也是北歐食器經典款之一。

④ 安娜瑪莉　　　Annemarie

年代 1971-76年

圖案設計師 Kirsten Selmer Medgård

器型型號 Nordkapp

尺寸 杯口徑7.5cm，高7cm，容量180ml

「安娜瑪莉」為基爾斯滕所設計，風格以明亮大膽和多彩的扁平圖案為典型，非常不同於首席設計師圖里的設計風格。「安娜瑪莉」採黃橘綠三色混搭描繪出花卉圖案，簡易間帶出明亮的春天氣息，是市場非常討喜的一款設計。基爾斯滕另一知名作品為「土星」（Saturn），展現另一種深幽迷茫的藍色情調。

⑤ 托爾海盜　　**Tor Viking**

年代 1966-75年
圖案設計師 Turi Gramstad Olive
器型型號 Nordkapp、Vulcanus
尺寸 杯口徑 7.7cm，高 7cm

「Viking」，是北歐海盜的泛稱，每個瓷器廠都會生產一款以「維京海盜」為名的系列，多數偏陽剛的暗色系，但圖里的「托爾海盜」系列依然維持她一貫的可愛，藍配橄欖綠的太陽小花和大蔥花，有如維京海盜徜徉在藍綠海洋般的迷人色調，此系列另有陶鍋與平底鍋。

⑥ 阿斯特麗德　　**Astrid**

年代 1966-75年
圖案設計師 Turi Gramstad Olive
器型型號 Nordkapp、Vulcanus
尺寸 杯口徑 7.7cm，高 7cm

「阿斯特麗德」和「維京」系列的設計非常類似，但在顏色上卻有著天壤之別，若「維京」是位清純可愛的女孩，那「阿斯特麗德」鐵定是跳著曼巴的熱情女郎，火紅豔麗的紅色花朵配上藍綠色調的花葉，光彩奪目，也帶點北歐幾何圖騰的風格。

⑦ 鯡魚　　**Clupea**

年代 1965-75年
圖案設計師 Turi Gramstad Olive
器型型號 Færder、Vulcanus
尺寸 杯口徑 9cm，高 5.5cm，容量 200ml

「鯡魚」是北歐非常知名的傳統醃漬魚，幾乎每個北歐人每年都會吃上幾口「醃鯡魚」，圖里的「鯡魚」系列就像將自家廚房搬上杯皿，鯡魚得搭配洋蔥、蒔蘿才會無敵美味。深藍、土耳其藍、土褐色相互交錯，將海洋的深邃藍帶到充滿土味的人間，端上桌的不僅是食物的香氣，更是海洋與人的浪漫故事。

⑧ 格拉納達　　**Granada**

年代 1968-72年
圖案設計師 Turi Gramstad Olive
器型型號 Færder、Vulcanus
尺寸 杯口徑 7.3cm，高 6.6cm

屬於圖里敘事故事設計外的另一種風格，以幾何線條組合而成，展現植物花卉果實的抽象形象，設計圖案有兩種，分別用於 Vulcanus 和 Færder 器型，前一種不同層次藍綠色搭配組合，後者則是分別以綠黃藍、紅褐、紅綠三種組合，顏色異常跳躍顯眼，目前市場較可找到 Vulcanus 器型綠色圖案，後者數量非常少見。

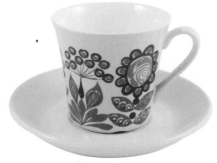

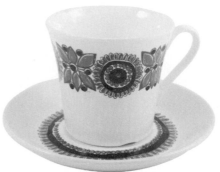

5	6
7	8

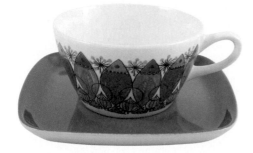

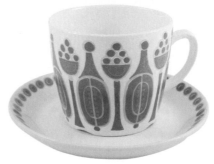

GUSTAVSBERG

① 裝飾　　　　**Pynta**

年代 1962-65年
圖案設計師 Stig Lindberg
器型型號 LL
尺寸 杯口徑9.5cm，高6cm，容量250ml

1962年斯蒂格工作繁忙，卻不想放棄設計，因此推出實驗性裝飾設計，以幾個類似的符號，單一或混合組合，同年一次推出四個作品，「裝飾」便是其中一個。一支嬌豔欲滴的玫瑰花還留著剛摘採下來的枝葉，桃紅粉嫩的玫瑰花瓣由多層次釉色搭配而成，綠葉也是一般，顏色細膩度前所未見。

② 大溪地　　　　**Tahiti**

年代 1970-73年
圖案設計師 Stig Lindberg
器型型號 SA
尺寸 杯口徑9.5cm，高6cm，容量260ml

「大溪地」是斯蒂格籌備許久的一套作品，以大溪地特有的濃豔繽紛色彩，用紅綠藍黃紫強烈對比色描繪出大溪地的熱情花卉，此系列在生產前便造成很大的轟動，但在上市後不久發現生產線上的瓷土有瑕疵，上市沒多久便中斷生產，同樣問題的還有「睡蓮」（Näckros）系列。短暫的生產上市也造成此兩個系列在老件市場的物以稀為貴。

③ 涼亭　　　　Berså

年代 1960-74年
圖案設計師 Krister Karlmark
器型型號 LL
器型設計師 Stig Lindberg
尺寸 杯口徑8.5cm，高6cm，容量250ml

「涼亭」的圖案是斯蒂格的助手克里斯特所設計，後來被斯蒂格選用，設計界一直以斯蒂格偉大設計之一宣稱。在當時流行鈷藍釉色的北歐設計裡，「涼亭」的綠色小清新，是廚房一抹永遠的春天，時至今日「涼亭」依然是北歐食器最經典代表。但此款裝飾圖案易有缺色塊，露出小白點情況，此為當時工藝技術問題，屬正常現象。

④ 博羅　　　　Boro

年代 1960年
圖案設計師 Stig Lindberg
器型型號 LL
尺寸 杯口徑8.5cm，高6cm，容量250ml

此系列為1960年專門為建設公司HSB-Boro所設計生產，Boro-Hus是瑞典二十世紀初最古老的建設公司，「Boro」在瑞典語為「在自己的家中享有寧靜」的縮寫。斯蒂格將此系列以公司名「博羅」命名，其設計亦是從「舒適安靜的家」為出發，以四種不同插畫圖案，描繪出種種甜蜜居家生活的景象，是一款充滿家的味道的設計作品。

 玫瑰園　　　**Rosenfält**

年代 1969-72年

圖案設計師 Stig Lindberg

器型型號 LL

尺寸 杯口徑8.5cm，高6cm，容量250ml

「玫瑰園」是斯蒂格在1969所設計的裝飾圖案，以紅棕色鉛筆線條建構出一簇簇的玫瑰花叢，葉片採線條葉脈和空白相間，整個畫面繁盛卻不擁擠，生產時間僅短短3年，屬稀少款，另有黑色系，彷彿暗夜的黑玫瑰，更是少見。整個系列包含杯皿和各種尺寸餐盤，其中以玫瑰花圖樣佈滿整個盤面的平盤，最受大家喜愛。

⑥ 藍騎兵　　　**Blå Husar**

年代 1968-73年

圖案設計師 Stig Lindberg

器型型號 LL

尺寸 杯口徑8.5cm，高6cm，容量250ml

「藍騎兵」是斯蒂格向復古致敬之作，企圖回復1920年代鈷藍釉在瓷器上的液態流動感，因此此系列並非白瓷而是特意營造的淡藍底，讓人易有釉料不小心傾倒熏染開的錯覺。杯皿上的圖案似花卉也似圖騰，同時出現在底盤和底部的戳印，此為當時Gustavsberg瓷器廠古典與摩登並存之作。

⑦ 紅菊　　　　　**Röd Aster**

年代 1972-74 年

圖案設計師 Stig Lindberg

器型型號 LI

尺寸 杯口徑 8cm，高 5.5cm，容量 150ml

「紅菊」，是斯蒂格代表作之一，生產時間不長。後來被 Gustavsberg 瓷器廠選為老圖案再複刻的系列之一，以大膽濃豔的深紅色展現菊花之美，非常受到以菊為皇室代表的日本人喜愛。此款設計採與「涼亭」相同的貼花工藝，但工法更繁複，第一層是先貼上底色，第二層才上黑色輪廓，至少兩層以上的貼花。同樣貼花工藝易產生小白點現象。

⑧ 藍菊　　　　　**Blå Aster**

年代 1972-74 年

圖案設計師 Stig Lindberg

器型型號 LI

尺寸 杯口徑 8cm，高 5.5cm，容量 150ml

「藍菊」與「紅菊」為同時期不同色系的斯蒂格設計，其藍釉顏色屬於不常見的深藍色系，展現菊花另一種幽靜之美，紅藍兩色都受到大家喜歡。「藍菊」比較特別之處為小咖啡杯的數量明顯多過大茶杯，因此「藍菊」的大茶杯在目前舊貨市場相當罕見。複刻板新品圖案類似但花朵大小與舊版略有不同，可仔細比較。

263

⑩ 史蒂娜   **Stina**

年代 1960-70年代
器型型號 LI
器型設計師 Stig Lindberg
尺寸 杯口徑8cm，高5.5cm，容量150ml

「史蒂娜」採斯蒂格所設計LI器型，此器型為當時最流行的杯型，「亞當」、「夏娃」、「紅菊」、「藍菊」等均採用，但此款設計並未留下裝飾設計的紀錄，算是不知名的作品，數量也屬珍稀。裝飾圖案以類蠟筆拓印方式拓下四葉草脈圖案，頗具童趣。

⑨ 威爾第   **Verdi**

年代 1971年
圖案設計師 Stig Lindberg
器型型號 LI
尺寸 杯口徑8cm，高5.5cm，容量150ml

「威爾第」是Gustavsberg1971年限量款設計，圖案彷彿是綠色的杜香抑或四葉草，仔細比較更類似瑪麗安內的「我的朋友」裡的杜香花。在當時北歐裝飾設計中以藍色掛帥的市場美學，將綠色用作裝飾圖案是非常獨特的作品。且為1971年的限量款，因此並不多見。

⑪ 肋骨線　　Spisa Ribb

年代 1955-74年

圖案設計師 Stig Lindberg

器型型號 LI

尺寸 杯口徑8cm，高5.5cm，容量150ml

1955年Gustavsberg於赫爾辛堡的H55展覽會上同時展出Terma及Spisa ribb兩系列，以精簡外觀凸顯設計，主打耐熱、保溫且不易損壞，「肋骨線」設計以巧克力色環繞頂端，周沿再手繪放射狀黑色肋骨線圖案，此系列是生產將近20年的長銷款，至今依舊吸引目光。工法上早期採手繪線條，較質樸，晚期則採貼花工藝，線條較工業化。

⑫ 李子　　Prunus

年代 1966-80年

圖案設計師 Stig Lindberg

器型型號 LI

尺寸 杯口徑8cm，高5.5cm，容量150ml

「李子」系列是斯蒂格繼「涼亭」後另一個熱門的設計，足足長銷了12年，2009年Gustavsberg再度經典重現，至今不管新舊品一直是消費者心中非常熱愛的商品，白釉色襯著一顆顆圓滾滾藍靛靛的李子，蒂頭還來不及摘下掛著兩片小綠葉，新鮮豐腴的模樣將果肉裡酸甜滋味一下子全繃開，童趣的造型讓人永保愉悅心情。

⑬ 夏娃　　　　　　　　　Eva

年代 1959-74 年

圖案設計師 Stig Lindberg

器型型號 LI

尺寸 杯口徑8cm，高5.5cm，容量150ml

「亞當」和「夏娃」是斯蒂格第一款以男女對杯為宣傳的設計作品，「夏娃」為紅底白點，搭以四圈相同點點圖案的底盤，工序上多了「亞當」一次燒制，製程更為複雜，雖記錄顯示與「亞當」生產時間相同，但市場數量明顯少很多，且僅有咖啡杯無茶杯。2008年Gustavsberg再次複刻「夏娃」，此次生產便同時有大小杯形制。

⑭ 亞當　　　　　　　　Adam

年代 1959-74 年

圖案設計師 Stig Lindberg

器型型號 LI

尺寸 杯口徑8cm，高5.5cm，容量150ml

「亞當」為「夏娃」的另一半，圖案則以藍色實圓點由大到小排列，再用細小的直線串連，與「夏娃」的空點紅底兩兩呼應，幾何圖形十分簡單耐看。「亞當」採貼花工藝，貼上轉印紙後再燒製一次，比「夏娃」工法少一次燒制過程。2005年Gustavsberg再次複刻「亞當」，但新舊圖案略微不同，新品底盤較老件少一圈藍圓點圖案，為三圈。

⑮ 蓮花　　　　　**Lotus**

年代 1958-70 年

圖案設計師 Bibi Breger

器型型號 SGF、LI

尺寸 杯口徑8cm，高5.5cm，容量150ml

「蓮花」的設計有兩種杯型，圖案排列也略有不同，比較常見是SGF杯型，以黃灰相間的蓮花圖案於口沿排成一圈，營造水彩重疊的透明感，另有全灰色系更是少見用色。LI杯型即是與「李子」同款杯型，有於杯身散開和口沿排列成圈兩種，僅出產黃色系，「蓮花」是比比最喜歡的一款設計。

⑯ 斑鳩　　　　　**Turtur**

年代 1972-74 年

圖案設計師 Stig Lindberg

器型型號 SA

尺寸 杯口徑6.5cm，高6.5cm，容量150ml

SA器型，為斯蒂格於1970年代所創造的杯型，杯底有十個凸點防止杯子輕滑，這段時期的裝飾圖案多使用在這款器型上。「斑鳩」系列以三隻看似相同實則不同的綠色斑鳩鳥所組成，深茶色斑點和羽毛變化讓每一隻斑鳩鳥都富有自己的生命，穿插鳥羽間的花草圖案，增添另一種自然平衡感。2010年，被選為複刻版圖案。

⑰ 朱莉安娜　　　　**Juliana**

年代 1971-77年

圖案設計師 Margareta Hennix

器型型號 SA

尺寸 杯口徑6.5cm，高6.5cm，容量150ml

「朱莉安娜」是瑪格列大最受歡迎一款花卉系列，鮮豔欲滴的紅色鬱金香擺動著深綠色的花葉在風中搖曳著，佈滿杯皿的鬱金香圖案，讓人彷彿可以觸摸到初春滿庭園的生命力。但此款設計釉色容易掉落，若你手上的鬱金香是完整無缺的，將是難得可貴珍品。

⑱ 薔薇　　　　**Törnrosa**

年代 1964-72年

圖案設計師 Margareta Hennix,
Calle Blomqvist

器型型號 SA

尺寸 杯口徑6.5cm，高6.5cm，容量150ml

「Törnrosa」是一種常見於瑞典路邊或公園的薔薇品種，五重瓣黃色花蕊，花莖與枝葉多小刺，香氣濃郁迷人。「薔薇」系列是瑪格列大和卡雷共同合作的裝飾圖案，採類色鉛筆畫的技法，將薔薇的粉嫩纖細一一在杯盤上展開。「薔薇」也讓人聯想到格林童話中被荊棘藤蔓包圍的城堡裡「睡美人」的故事。

⑳ 歐羅拉　　　**Aurora**

年代 1971-77年

圖案設計師 Margareta Hennix

器型型號 SA

尺寸 杯口徑6.5cm，高6.5cm，容量150ml

「歐羅拉」是希臘神話中的曙光女神，深紫色鴿群代表歐羅拉女神每天早晨飛向天空，為大地帶來光亮，並宣告黎明的到來，橘紅色光芒在鳥兒飛過那一刻隨之耀眼，而一天的開始就由「歐羅拉」掀開序幕。「歐羅拉」系列是充滿神話色彩和故事性的杯皿，也是很適合一天早晨開始的系列。

⑲ 艾瑪　　　**Emma**

年代 1971-77年

圖案設計師 Paul Hoff

器型型號 LF, SA

尺寸 杯口徑6.5cm，高6.5cm，容量150ml

保羅‧霍夫的主要設計在於瀕臨絕種動物的雕塑，「艾瑪」是他少數的裝飾設計作品，另一個類似風格裝飾作品為「寶蓮」（Pauline）。以簡單的線條繪描出花形，再用點畫的方式畫出蘋果花，採當時較少使用的粗粒度墨印刷裝飾圖案，共有棕色及少量綠色款，此款作品在當時深受年輕人喜愛。

21 日本　　　　　　　**Japan**

年代 1970年代

圖案設計師 Paul Hoff

器型型號 SA

尺寸 杯口徑6.5cm，高6.5cm，容量150ml

「日本」是Gustavsberg少見的以國家為
設計主題，「扶桑花」和「旭日旗」是外國
人最容易聯想的日本圖像，以紫色的扶桑
花排列在傘狀的旭日旗上，華麗的配色，
濃濃東洋風情格外引人注目。此款設計產
品進入日本後，1973年後為順應日本發
音，將瑞典語的系列名「Japan」改為日
語的「Nippon」。

22 阿妮塔　　　　　　**Anita**

年代 1970年代

圖案設計師 Margareta Hennix（？）

器型型號 SA

尺寸 杯口徑7.5cm，高5.5cm，容量150ml

關於「阿妮塔」的裝飾設計師記錄不
多，有人根據裝飾圖案為「瑪格麗特」
（Margaret）小花，認為此款設計是瑪
格列大（Margareta）以自己為命名的設
計。以清麗惹人憐愛的的瑪格麗特小白
花，拓印在茶褐色的底色，異常顯色，也
頗具藍染特殊效果。

24 茉莉花   **Jasmin**

年代 1970年代
圖案設計師 Margareta Hennix
器型設計師 Lisa Larson
尺寸 杯口徑7.5cm，高7cm，容量170ml

此款器型為Gustavsberg知名陶偶雕塑家麗莎・拉森所設計，少見的高腳杯造型，僅被用在瑪格列大所設計的「茉莉花」上，這系列共生產紅綠黃三色系，花蕊部份都用金色釉色裝飾，對比色明顯，整體看來明亮動人。

23 番紅花   **Krokus**

年代 1972-73年代
圖案設計師 Margareta Hennix
器型型號 SA
尺寸 杯口徑7.5cm，高5.5cm，容量150ml

瑪格列大在花卉裝飾設計上，擅長以獨創的「花符號」詮釋不同花卉，「番紅花」便是其中一款設計，番紅花是北歐初春的象徵花朵，瑪格列大以參差的紅色、粉色番紅花圖樣環繞杯身，襯著全紅底的鮮豔底盤，散發著濃濃的春天氣息。此款亦會搭配全白色底盤。

㉕ 柳葉（紅）　　Salix (röd)

年代 1954-65年
圖案設計師 Stig Lindberg
器型型號 SE
尺寸 杯口徑7.5cm，高6cm，容量125ml

「柳葉」以豎長的柳葉圖案筆直地排列整個
杯身，黑、紅兩色系，將此款器型的輕薄
襯得更加透亮，當時「柳葉」的廣告行銷
照片請到Gustavsberg瓷器廠傳奇攝影
師Hilding Ohlson拍攝，以美麗的仕女
端看「柳葉」杯，另一頭手握著「柳葉」壺
將茶水注入杯皿中，優雅又生動的畫面讓
此款設計風靡瑞典和日本。

㉖ 柳葉（黑）　　Salix (Svart)

年代 1954-65年
圖案設計師 Stig Lindberg
器型型號 SE
尺寸 杯口徑7.5cm，高6cm，容量125ml

「柳葉」杯一開始的行銷售價，現在看來非
常便宜，一套杯碟只要2.5克朗（約9.45
台幣），就當時薪資來說依然是奢侈品，
但「柳葉」杯在當時是非常成功的設計，
從上市就得到大家關注，詢問售價詢問哪
裡可以購買，誰設計？時至今日雜貨市場
將紅黑兩色變成夫妻對杯行銷，更是獲得
大家喜愛。

㉗ 格言　　　　　　Maxim

年代 1942-65年

圖案設計師 Bibi Breger

器型型號 SG

尺寸 杯口徑7.5cm，高6.5cm，容量130ml

比比在Gustavsberg時間很短，僅僅四年，但設計的幾款裝飾圖案都獲得不錯的銷售成績，她的設計風格簡單細膩，偏好圖案整齊排列，同款不同色系表現。「格言」就是其中一項作品。以可愛的葉脈紋上下排列成圈，底盤亦採相同圖案呼應，有紅黑兩色系。

㉘ 排列　　　　　　Ranka

年代 1957-?年

圖案設計師 Stig Lindberg

器型型號 SG

尺寸 杯口徑7.5cm，高6.5cm，容量130ml

「排列」是斯蒂格早期的手繪作品，用於威廉‧闊格所設計器型，是一個師徒合作的作品。在餐盤杯組邊緣一串排列有序的藤葉，嫩綠的小葉，紅藍相間的心型小花穿梭其間，非常討喜可愛。此圖案設計早在1900年初期便被裝飾在「鄉下人」（Allmoge）系列，「排列」可說是易名再上市，是當時熱銷作品。

㉙ 神射手　　　**Bågskytt**

年代 1971-72年

圖案設計師 Bengt Berglund

器型型號 EC

尺寸 杯口徑9cm，高6cm，容量200ml

本特在瑞典設計界以陶器、石器、雕塑藝術品著稱，「神射手」是他在Gustavsberg非常罕見的裝飾設計，所採用的EC器型也是屬於少見T型手取杯型，以朵朵藍色小花映襯白瓷底，頗具日本風，其餐盤圖案設計充滿神話風格，女子宛如愛神舉起弓箭射中男子的喉嚨，男女的背景佈滿與杯身相同圖案的花葉，二者均屬罕見稀有款。

㉚ 花園　　　**Garden**

年代 1976-77年

圖案設計師 Stig Lindberg

器型型號 LT

尺寸 杯口徑10cm，高7cm，容量300ml

「花園」的LT器型較Gustavsberg所生產的其他常見器型不同，尺寸容量很大，背身圓潤底盤深凹成一個洞，恰好嵌住杯底。裝飾圖案以硬筆白描法繪製的咖啡色小圓胖花，花瓣為胖瘦不一的心形，整體感覺圓潤可愛，也表現出斯蒂格對「花園」的可愛遐想。器皿材質耐熱，背部標示能進洗碗機和烤箱。

③¹ 公雞杯   COQ

年代 1966-85年

圖案設計師 Stig Lindberg

器型型號 LU

尺寸 杯口徑 7.5cm，高 6cm，容量 150ml

COQ是斯蒂格極簡的一道設計，通體茶
色的釉藥僅留白邊，每款出廠器皿釉色
深淺不一帶有不規則黑色斑點，此款設計
百搭日本食器進而廣受日本人搶購。底部
印有公雞圖案戳印，也被暱稱公雞杯。相
同設計還有綠色款，但系列名為「初熟」
（Primeur）。

³² 飛鏢   **Dart**

年代 1977-87年

圖案設計師 Stig Lindberg

器型型號 LU、BL

尺寸 杯口徑 7.5cm，高 6cm，容量 150ml

「飛鏢」器型與大家喜愛的公雞杯COQ
相同，均採LU器型，此款器型特殊之處
在於容易堆疊，且不會滑落。「飛鏢」，
採白灰色為底，藍色小沙點不規則散佈
其中，陶石器的質感樸實而溫潤，杯緣
和底盤加入手繪藍黑色線條增添其優
雅，杯底一樣有六個凸點的止滑設計。

�33 北極花　　　　　　Linnea

年代 1965-70 年

圖案設計師 Stig Lindberg

器型型號 LL

尺寸 杯口徑8.5cm，高6cm，容量250ml

「北極花」系列是斯蒂格從瑞典知名生物學
家卡爾‧馮‧林奈發現的新花種，獲得的
創作靈感，這種花取生物學家林奈之名命
名，終年常綠，花梗末端分開成一對粉色
小花，生長於北半球極寒地帶。此系列一
開始斯蒂格便想夾帶林奈的知名度打開國
際市場，以出口國外為主，當時銷售策略
非常成功。

�34 里維埃拉　　　　　Riviera

年代 1973 年代

圖案設計師 Stig Lindberg

器型型號 LI

尺寸 杯口徑8cm，高5.5cm，容量150m

Riviera，義大利語，表示海岸線之意。
靛藍色的果實搭配橄欖綠的枝葉與黑色枝
幹，顏色對比非常強烈。此款設計突破斯
蒂格以往一貫精細柔和顏色的風格，反讓
人有衝突、粗糙、滑稽的突兀感。但這種
模式卻也讓「里維埃拉」系列格外引人注
意，是收藏迷詢問度非常高的物件。

㉟ 樺　　　　Betula

年代 1960 年
圖案設計師 Stig Lindberg
器型型號 SG
尺寸 杯口徑 7.5cm，高 6.5cm，容量 130 ml

瑞典的秋天散落一地金黃，筆直的路旁
總會植上一大段白樺樹，夏秋之際白樺
的綠葉轉黃變紅，風一吹樹梢的樹葉紛紛
掉落，是北歐秋天最具特色的象徵，這景
色也成為斯蒂格筆下經典復古系列中的紅
「樺」，生產時間僅短暫一年，與「瑪格麗
特」(Margaret) 並列姊妹作，目前舊貨
市場可以尋獲的數量非常稀少。

㊱ 派對　　　　Galejan

年代 1968-72 年
圖案設計師 Margareta Hennix
器型型號 A
尺寸 杯口徑 8cm，高 5cm，容量 125 ml

「派對」，是瑪格列大在 Gustavsberg 第
二款設計作品，以其大膽用色營造出強烈
色彩衝突，底盤以鮮黃色花瓣內裡外繪藍
綠色輪廓，搭配同色系藍綠色花心，散落
於盤面一圈，杯身反以簡易黃色花瓣環繞
一周，繁簡互置，完全突破當時設計中的
溫柔敦厚。當時市場評價均認為是非常新
鮮活潑、有趣的作品。

RÖRSTRAND

① 波莫納　　　Pomona

年代 1956-71年

圖案設計師 Marianne Westman

器型型號 SD

尺寸 杯口徑9.5cm，高7cm，容量240ml

「波莫納」一般會視作瑪麗安內最著名「野餐」系列的延續，擷取部分經典圖案，以一株小巧可愛的綠色蒔蘿區隔出兩側的甜菜根及藍色洋蔥，保留大面積的留白，清麗形象廣受喜愛，但也因被歸入「野餐」系列，價格隨之水漲船高。

② 我的花園　　My Garden

年代 1960-61年

圖案設計師 Marianne Westman

器型型號 RH

尺寸 杯口徑9cm，高7cm，容量220ml

1960年，Rörstrand在「從Rörstrand來的春天」展覽會正式推出瑪麗安內另一代表作「我的花園」，延續「野餐」系列發燒熱度，以柔和顏色展現俏皮活現的蔬果，杯身繪有五株藍紅色系莓果，然此系列以盤皿為主打，杯組產量不多。

❸ 紅頂 　　　　Red Top

年代 1956-67年
圖案設計師 Marianne Westman
器型型號 RH
尺寸 杯口徑9cm，高7cm，容量220ml

「紅頂」以仿速寫草圖形式將菱形圖案襯在白瓷之上，黑色菱形格顏色深淺不一，形成黑白兩色菱格錯落有致排列，底配以深紅色底盤，紅黑白三色衝突卻和諧的搭配組合。所採用的RH杯型，目前也是收藏迷非常瘋狂收集的一款器型。

❹ 侯爵夫人 　　　　Markis

年代 1956-71年
圖案設計師 Marianne Westman
器型型號 RH
尺寸 杯口徑9cm，高7cm，容量220ml

「侯爵夫人」以不同粗細條紋圖案相互穿插為設計主軸，簡單卻不失雅致，保有手繪的溫度感，紅、藍兩色系，底盤搭以一圈同色系藍或紅，杯皿與底盤顏色兩兩呼應。此系列僅生產咖啡杯組，生產數量不多。

⑤ 伊甸　　　　Eden

年代 1960-72年
圖案設計師 Sigrid Richter
器型型號 DM
尺寸 杯口徑7.5cm，高6cm，容量160ml

Rörstrand史上最幽緲的蘋果系列，在枝葉叢落間大又顯眼的藍紫色蘋果，命名為「伊甸」，由來自德國的神祕設計師西格麗德‧李斯特所描繪，以聖經筆下那個永遠愉悅、充滿歡樂的樂園命名，世人也如同樹下的亞當和夏娃深深被吸引，忍不住收藏。

⑥ 嘉年華　　　　Karneval

年代 1972-75年
圖案設計師 Timo Sarvimäki
器型型號 DM
尺寸 杯口徑7.5cm，高6cm，容量160ml

出生於芬蘭的蒂莫‧莎爾衛梅奇，1971-73年在Rörstrand短暫工作，作品以人物和動物雕塑著名，「嘉年華」系列是他唯一一件餐皿裝飾作品，其作品風格豔麗多彩，頗有濃厚中東風情。

⑦ 銀蓮花　　　　Anemon

年代 1965-71年
器型型號 DM
器型設計師 Marianne Westman（？）
尺寸 杯口徑7.5cm，高6cm，容量160ml

銀蓮花屬花卉種類繁多，外型卻差異甚大，設計師常取Anemon或Anemone命名並作為裝飾圖案，此款「銀蓮花」形象取自瑞典初春報春花Vitsippa（瑞典語為「銀蓮花」），五片白色花瓣黃色花蕊，簡化成可愛的銀蓮花花形，除棕色系外，另有生產少量藍色系餐盤。

⑧ 維多莉亞　　　　Viktoria

年代 1967-1971年
圖案設計師 Christina Campbell
器型型號 DM
尺寸 杯口徑7.5cm，高6cm，容量160ml

「維多莉亞」與Rörstrand熱門系列「伊甸」圖案配色非常相近，差別僅在一個是完整藍色蘋果，另一個是蘋果剖面這樣的區別，為知名系列「阿曼達」（Amanda）的裝飾設計師克里斯蒂娜所繪，為大家喜愛收集的款式。

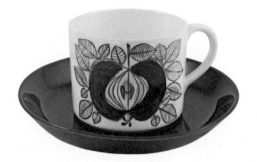

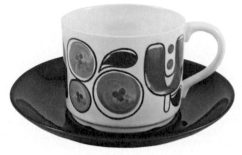

5	6
7	8

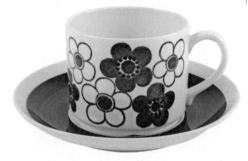

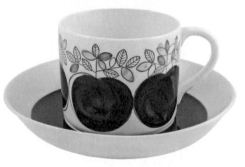

⑨ 愛麗絲　　　　　　Iris

年代 1970 年代

圖案設計師 -

器型型號 DM

尺寸 杯口徑 7.5cm，高 6cm，容量 160ml

70 年代，Rörostand 發行好幾款不同設計師所繪，圖案相仿、顏色趨近藍紫的圖案，「愛麗絲」便是其中一系列，取俯瞰鳶尾花視角，將花瓣以淺紫色到深藍色做漸層顯現，更像隻翩翩飛舞的蝴蝶，飛躍於餐皿之上。希臘語裡 Iris 指「彩虹」之意。

⑩ 波爾卡　　　　　　Polka

年代 1970 年代

圖案設計師 -

器型型號 DM

尺寸 杯口徑 7.5cm，高 6cm，容量 160ml

「波爾卡」有兩種意涵，分別指捷克的民間舞蹈和一種橘色玫瑰花品種，Rörostand 在 1970 年代發行多款不同圖案但都以「波爾卡」命名的花器和食器，此款手繪杯盤組圖案簡單抽象，以藍橘兩色描繪出似花卉似水果也似女子獨舞的形象，讓人無限想像。

柯達   **Kadett**

年代 1956-?年

圖案設計師 Hertha Bengtson

器型型號 DM

尺寸 杯口徑 7.5cm，高 6cm，容量 160ml

以簡約手繪線條繪製在杯身的系列作品，共有黃、藍、紅三色，雖然圖案簡單，但每一件杯子保有獨特不均勻的手繪感，維持設計師赫薩作品中一貫特有的內斂溫度，另分別搭以帶有一圈同色系色帶的底盤，此系列底盤款式相同，只是顏色略微差異，搭配多款系列杯皿。

12 米亞   **Mia**

年代 1972-1975年

圖案設計師 Hertha Bengtsson（？）

器型型號 DM

尺寸 杯口徑 7.5cm，高 6cm，容量 160ml

「米亞」，以三條平整的葡萄藤蔓環繞住整個杯皿，共有黑、紅、深綠、藍四色，算是在幾款樸素線條幾何裝飾圖案中，又帶出不同韻味的變化設計，乍看之下並不特別凸顯卻有著藤蔓特有生命力的溫暖，搭以全彩同色底盤，是DM器型系列中較特殊部分。

⑬ 菲尼克斯　　　**Fenix**

年代 1960-72年

器型型號 DM

尺寸 杯口徑7.5cm，高6cm，容量160ml

「Fenix」相傳是阿拉伯神話中的不死鳥，外形為浴火燃燒的鳳凰，或者美麗的小型鳥，擁有天籟般的鳥鳴。此系列便以「菲尼克斯」神話傳說為底本，繪以四隻絢爛鳥羽裝飾週身的鳥兒，藍黃兩色鳥頭和鳥身相互搭配。生產數量不多，目前舊貨市場價格很高。

⑭ 我的朋友　　　**Mon Amie**

年代 1952-87年

圖案設計師 Marianne Westman

器型型號 AK、AV、BV、SB

尺寸 杯口徑8.7cm，高5cm，容量160ml

「我的朋友」是Rörstrand銷售長達35年的經典傳奇，當時像蝴蝶又似花的圖樣引起極大轟動，奠定瑪麗安內在Rörstrand的首席地位。輕薄透亮的骨瓷，搖曳生姿的小藍花，深受民眾喜愛，2009年瑪麗安內的80歲生日，又重新推出複刻版。

⑮ 希維亞　　　Sylvia

年代 1976–1982年
圖案設計師 Sylvia Leuchovius
器型型號 BV
尺寸 杯口徑7.5cm，高6.5cm，容量180ml

1976年瑞典皇室迎入美麗皇后希爾維婭（Silvia），同年也是Rörstrand瓷器廠250週年，為紀念這個美麗的時刻，圖案設計師以自己名字「希維亞」（近似希爾維婭）命名，推出清新脫俗以白花瓣藍黃蕊的三色菫搭配小嫩綠葉「希維亞」，此系列的品質非常良好，經過四十多年，今日在舊貨中依然保有當初的美麗光澤。

⑯ 野玫瑰　　　Nyponros

年代 1979-81年
圖案設計師 Jackie Lynd（？）
器型型號 BV
尺寸 杯口徑7.5cm，高6.5cm，容量180ml

「Nyponros」是生長在瑞典南邊的一種野玫瑰，設計師用點描畫法將其花姿態細細勾勒，再配上類色鉛筆顏色的柔和色彩。這組杯組常和250週年的「希維亞」當姊妹品相比較，不管在杯型、花樣、底部標記，都有相似之美，散發特有的清新柔美。

⑰ 奇奇　　　　　　Kikki

年代 1960-72年

尺寸 杯口徑6.5cm，高7.5cm，容量200ml

「奇奇」代表瑞典某個特定年代女性可愛俏皮名或暱稱，在杯身先用橡皮印章印出花形，再手繪藍紅線條增以顏色，紅藍色塊上又繪有雲朵圖案，底盤採用少見的八角形，同系列點心盤呼應底盤亦採八角造型，屬Rörstrand的特殊杯型。

⑱ 帕洛瑪　　　　　Paloma

年代 1970年代

器型型號 AG

器型設計師 Gunnar Nylund

尺寸 杯口徑8cm，高6cm，容量150ml

「帕洛瑪」設計主要以灰色及煙燻粉紅色的小圓花布滿杯身，小花簡單可愛的形式與Upsala Ekeby的「雛菊」（Bellis）系列有異曲同工之妙，底盤配以色調柔和溫暖的灰藍色，像個優雅的女孩。其系列另有藍色和灰色小花圖案，兩款色系產量均少，老件市場不易看到。

⑲ 詩麗亞　　　　　**Silja**

年代 1961-67年

器型型號 SB

尺寸 杯口徑9cm，高6.8cm，容量200ml

「詩麗亞」，以紅色愛心藍色小莓果相間，
莓果內還能看到細筆點畫，兩者之間摻入
上下相應三黑撇圖案，白藍紅黑四色相互
映襯，色彩鮮明。特別之處在於杯底盤異
常大，達直徑15.3公分，都可當小點心盤
使用了。

⑳ 北歐　　　　　**Nordica**

年代 1978-87年

圖案設計師 Jackie Lynd

器型設計師 Carl Harry Stålhane

尺寸 杯口徑7cm，高6cm，容量160ml

「北歐」系列採特殊上釉方式，摸得出
釉面與棕綠色線條間的交錯凹凸感，帶
有陶的觸覺，圖案像天使的翅膀，也似
一對相依偎的鳥兒。另有一款「峽灣」
（Fjord）系列與「北歐」相似度極高，僅
在於中間有無鳥型圖案。

 繽波   **Bimbo**

年代 1960 年代

器型型號 VB

尺寸 杯口徑 8cm，高 6.5cm，容量 150ml

「Bimbo」在瑞典語裡指有魅力卻有點迷糊的女孩，在義大利語指小小孩。由黑色線條組成生動活潑的圖案，有點小小孩的塗鴉感，再淡淡描摩出一圈赭紅、一圈灰藍色圈，形成一種明亮的氣氛，「繽波」在六〇年代始終沒沒無名，興起收藏熱是在近年 IG 盛行後，俯拍「繽波」線條圖案，發掘出意外的驚豔感，收藏人氣逐漸高升。

㉒ **阿瑪莉亞**   **Amalia**

年代 1967-70 年

圖案設計師 Christina Campbell（？）

器型型號 AC

尺寸 杯口徑 9.5cm，高 6.5cm，容量 320ml

「阿瑪莉亞」的設計彷彿是一座漂浮在淡藍色上的童話森林，以深藍色為整座森林的底基，向上延長出形狀各異大小不同的花草樹木，以像孩子充滿童趣的塗鴉筆觸，描繪出這座童話世界。款式設計與「阿曼達」（Amanda）些許雷同，有人推測為同一設計師設計。

MY FAVORITE
Pasta

LUNCH | SOUP | SNACK | SALAD | DINNER

美味醬汁與滿滿蔬菜的義大利麵

樋口正樹